本书系

教育部哲学社会科学研究青年基金项目
"当代意识科学中的佛教心学究"（19YJC730009）

国家社科基金一般项目
"心智的生命观研究"（20BZX045）

科技部科技创新2030
"脑科学与类脑"重大项目（2021ZD0200409）

亦受 浙江大学文科高水平学术著作出版基金 资助
中央高校基本科研业务费专项基金

"神经科学与社会丛书"编委会

丛书主编
唐孝威　罗卫东

执行主编
李恒威

丛书学术委员（按姓名拼音为序）
黄华新（浙江大学人文学院、浙江大学语言与认知研究中心）
马庆国（浙江大学管理学院、浙江大学神经管理学实验室）
盛晓明（浙江大学人文学院、浙江大学语言与认知研究中心）
叶　航（浙江大学经济学院、浙江大学跨学科社会科学研究中心）

神经科学与社会丛书
丛书主编：唐孝威　罗卫东
执行主编：李恒威

禅与意识的艺术

ZEN AND THE ART OF CONSCIOUSNESS

［英］苏珊·布莱克摩尔（Susan Blackmore）　著

徐　怡 译　　蒋海怒 校

浙江大学出版社
·杭州·

图书在版编目（CIP）数据

禅与意识的艺术 /（英）苏珊·布莱克摩尔
(Susan Blackmore)著；徐怡译. —杭州：浙江大学
出版社，2024.7
（神经科学与社会 / 唐孝威，罗卫东主编）
书名原文：Zen and the Art of Consciousness
ISBN 978-7-308-23174-9

Ⅰ.①禅… Ⅱ.①苏… ②徐… Ⅲ.①意识—研究
Ⅳ.①B842.7

中国版本图书馆 CIP 数据核字（2022）第 194049 号

浙江省版权局著作权合作登记图字：11-2023-113 号

Copyright © Susan Blackmore 2009
Published by arrangement with Watson Little Ltd, through the Grayhawk Agency Ltd.

禅与意识的艺术

［英］苏珊·布莱克摩尔（Susan Blackmore） 著
徐 怡 译 蒋海怒 校

责任编辑	陈佩钰（yukin_chen@zju.edu.cn）
责任校对	葛 超
封面设计	雷建军
版权支持	谢千帆
出版发行	浙江大学出版社
	（杭州市天目山路148号 邮政编码310007）
	（网址：http://www.zjupress.com）
排　版	杭州青翊图文设计有限公司
印　刷	杭州高腾印务有限公司
开　本	710mm×1000mm 1/16
印　张	8.75
字　数	143 千
版印次	2024 年 7 月第 1 版　2024 年 7 月第 1 次印刷
书　号	ISBN 978-7-308-23174-9
定　价	78.00 元

版权所有　侵权必究　印装差错　负责调换
浙江大学出版社市场运营中心联系方式：0571-88925591；http://zjdxcbs.tmall.com

总　序

每门科学在开始时都曾是一粒隐微的种子,很多时代里它是在社会公众甚至当时主流的学术主题的视野之外缓慢地孕育和成长的;但有一天,当它变得枝繁叶茂、显赫于世时,无论是知识界还是社会公众,都因其强劲的学科辐射力、观念影响力和社会渗透力而兴奋不已,他们会对这股巨大力量产生深入的思考,甚至会有疑虑和隐忧。现在,这门科学就是神经科学。神经科学正在加速进入现实和未来;有人说,"神经科学正在把我们推向一个新世界";也有人说,"神经科学是第四次科技革命"。对这个新世界的革命,在思想和情感上,我们需要高度关注和未雨绸缪!

脑损伤造成的巨大病痛,以及它引起的令人瞩目或离奇的身心变化是神经科学发展的起源。但这个起源一开始也将神经科学与对人性的理解紧紧地联系在一起。早期人类将灵魂视为神圣,但在古希腊著名医师希波克拉底(Hippocrates)超越时代的见解中,这个神圣性是因为脑在其中行使了至高无上的权力:"人类应该知道,因为有了脑,我们才有了乐趣、欢笑和运动,才有了悲痛、哀伤、绝望和无尽的忧思。因为有了脑,我们才以一种独特的方式拥有了智慧、获得了知识;我们才看得见、听得到;我们才懂得美与丑、善与恶;我们才感受到甜美与无味……同样,因为有了脑,我们才会发狂和神志昏迷,才会被畏惧和恐怖所侵扰……我们之所以会经受这些折磨,是因为脑有了病恙……"即使在今天,希波克拉底的见解也是惊人的。这个惊人见解开启了两千年来关于灵与肉、心与身以及心与脑无尽的哲学思辨。历史留下了一连串的哲学理论:交互作用论、平行论、物质主义、观念主义、中立一元论、行为主义、同一性理论、功能主义、副现象论、涌现论、属性二论、泛心论……对于后来者,它们会不会变成一处处曾经辉煌、供人凭吊的思想废墟呢?

现在心智研究走到了科学的前台,走到了舞台的中央,它试图通过理解心智在所有层次——从分子,到神经元,到神经回路,到神经系统,到有机体,到社会秩序,到道德体系,到宗教情感——的机制来解析人类心智的形式和内容。

20世纪末,心智科学界目睹了"脑的十年"(the decade of the brain),随后又有学者倡议"心智的十年"(the decade of the mind)。现在一些主要发达经济体已相继推出了第二轮的"脑计划"。科学界以及国家科技发展战略和政策的制定者非常清楚地认识到,脑与心智科学(认知科学、脑科学或神经科学)将在医学、健康、教育、伦理、法律、科技竞争、新业态、国家安全、社会文化和社会福祉方面产生革命性的影响。例如,在医学和健康方面,随着老龄化社会的迫近,脑的衰老及疾病(像阿尔茨海默病、帕金森综合征、亨廷顿病以及植物状态等)已成为影响人类健康、生活质量和社会发展的巨大负担。人类迫切需要理解这些复杂的神经疾病的机理,为社会福祉铺平道路。从人类自我理解的角度看,破解心智的生物演化之谜所产生的革命性影响,有可能使人类有能力介入自身的演化,并塑造自身演化的方向;基于神经技术和人工智能技术的人造智能与自然生物智能集成后会在人类生活中产生一些我们现在还无法清楚预知的巨大改变,这种改变很可能会将我们的星球带入一个充满想象的"后人类"社会。

作为理解心智的生物性科学,神经科学对传统的人文社会科学的辐射和"侵入"已经是实实在在的了:它衍生出一系列"神经X学",诸如神经哲学、神经现象学、神经教育学或教育神经科学、神经创新学、神经伦理学、神经经济学、神经管理学、神经法学、神经政治学、神经美学、神经宗教学等。这些衍生的交叉学科有其建立的必然性和必要性,因为神经科学的研究发现所蕴含的意义已远远超出这个学科本身,它极大地深化了人类对自身多元存在层面——哲学、教育、法律、伦理、经济、政治、美、宗教和文化等——的神经生物基础的理解。没有对这个神经生物基础的理解,人类对自身的认识就不可能完整。以教育神经科学为例,有了对脑的发育和发展阶段及运作机理的恰当认识,教育者就能"因地制宜"地建立更佳的教育实践和制定更适宜的教育政策,从而使各种学习方式——感知运动学习与抽象运算学习、正式学习与非正式学习、传授式学习与自然式学习——既能各得其所,又能自然地相互衔接和相得益彰。

"神经X学"对人文社会科学的"侵入"和挑战既有观念和方法的一面,也有情感的一面。这个情感的方面包括乐观的展望,但同时也是一种忧虑,即如果人被单纯地理解为复杂神经生物系统的过程、行为和模式,那么与生命相关的种种意义和价值——自由、公正、仁爱、慈悲、憧憬、欣悦、悲慨、痛楚、绝望——似乎就被科学完全蚕食掉了,人文文化似乎被此新一波神经科学文化的大潮淹没,结果人似乎成了一种生物机器,一具哲学僵尸(zombie)。但事实上,这个忧虑不可能成为现实,因为生物性从来只是人性的一个层面。相反,正像神经科学家斯蒂文·罗斯(Steven Rose)告诫的那样,神经科学需要自我警惕,它需要与人性中意义性的层面"和平共处",因为"在'我'(别管这个'我'是什么意思)体验到痛时,即使我认识到参与这种体验的内分泌和神经过程,但这并不会使我体验到的痛或者愤怒变得不'真实'。一位陷入抑郁的精神病医生,即使他在日常实践中相信情感障碍缘于5-羟色胺代谢紊乱,但他仍然会超出'单纯的化学层面'而感受到存在的绝望。一个神经生理学家,即使能够无比精细地描绘出神经冲动从运动皮层到肌肉的传导通路,但当他'选择'把胳膊举过头顶时,仍然会感觉到他在行使'自由意志'"。在神经科学中,"两种文化"必须协调!

从社会的角度看,神经科学和技术在为人类的健康和福祉铺平道路的同时,还带来另一方面的问题,即它可能带来广泛而深刻的人类伦理问题。事实上,某些问题现在已经初露端倪。例如,我们该如何有限制地使用基因增强技术和神经增强技术?读心术和思维控制必须完全禁止吗?基因和神经决定论能作为刑事犯罪者免除法律责任的理据吗?纵观历史,人类发明的所有技术都可能被滥用,神经技术可以幸免吗?人类在多大程度上可承受神经技术滥用所带来的后果?技术可以应用到人类希望它能进入的任何可能的领域,对于神经技术,我们能先验地设定它进入的规则吗?至少目前,这些问题都还是开放的。

2013年年初,浙江大学社会科学研究院与浙江大学出版社联合设立了浙江大学文科高水平学术著作出版基金,以提升人文社会科学学术研究品质,鼓励学者潜心研究、勇于创新,通过策划出版一批国内一流、国际上有学术影响的精品力作,促进人文社会科学事业的进一步繁荣发展。

经过前期多次调研和讨论,基金管理委员会决定将神经科学与人文社会科学的互动研究列入首批资助方向。为此,浙江大学语言与认知研究中心、浙江大学物理系交叉学科实验室、浙江大学神经管理学实验室、浙江大学跨学科社会科学研究中心等机构积极合作,并广泛联合国内其他相关研究机构,推出"神经科学与社会"丛书。我们希望通过这套丛书的出版,能更好地在神经科学与人文社会科学之间架起一座相互学习、相互理解、相互镜鉴、相互交融的桥梁,从而在一个更完整的视野中理解人的本性和人类的前景。

唐孝威　罗卫东
2016 年 6 月 7 日

致 谢

这本书叙述了我与一些绝妙问题相纠缠的故事。这些问题与现代科学和古代禅传统都非常相关。

假使没有下列诸位的帮助,我不可能开始这些冒险活动,或把它们写在纸上。

感谢罗伯·安德森(Rob Anderson)、斯蒂芬·巴切勒(Stephen Batchelor)、盖伊·克拉克斯顿(Guy Claxton)、彼得·库恩拉特(Peter Coonradt)、约翰·库克(John Cook)、彼得(Peter)和伊丽莎白·芬威克(Elizabeth Fenwick)、迈克·芬奇(Mike Finch)、亚当·哈特-戴维斯(Adam Hart-Davis)、迈克·鲁齐夫特(Mike Luetchford)、杰克·潘君克(Jack Petranker)、艾米莉·乔生克(Emily Troscianko),以及我的经纪人曼迪·利特尔(Mandy Little),与我在"一世界"(Oneworld)共处的编辑玛莎·菲利恩(Marsha Filion)。

我不确定我的解释是否对任何人都有用。在决定是否要写这本书的时候,我自然会对此感到疑虑。但最后这本书似乎是它自己要出来的。我也总结了,要想知道答案,唯一的办法就是把它拿出来看一看。而且,我知道我从阅读别人的探索成果中得到了帮助,例如惠能《坛经》和白隐慧鹤的经典自传,以及菲利普·开普勒(Philip Kapleau)的《禅门三柱》(*The Three Pillars of Zen*)和圣严(Sheng Yen)的《禅之西行》(*Chan Comes West*)中相对现代一些的故事。对我来说这些问题是世界上最有趣的问题,或许其他人也会对我为此所做的努力而感到鼓舞、有趣或有所收益。

序 言

《禅与意识的艺术》是《禅之十问》(*Ten Zen Questions*)的平装本。当出版商首次建议改为此书名时,我非常震惊。我的书当然不及波西格(Robert M. Pirsig)的大作《禅与摩托车维修艺术》(*Zen and the Art of Motorcycle Maintenance*)那样经典,早在1974年,《禅与摩托车维修艺术》就对我产生了影响。然而后来我发现"意识的艺术"也恰是这本书的主题。我在此意欲表达的核心观点是:如果我们真的想要理解我们自己的主观体验,我们需要"意识科学"(science of consciousness)(这个领域目前正蒸蒸日上)以及更多的东西。我在书中探讨了培养技艺、修行实践和向个人内心探索的训练,如此,"艺术"一词可以涵盖上述所有内容。

经由撰写《禅与意识的艺术》,我所要呼吁的是:在我们寻求解决"心脑统一"这个大谜团时,应该严肃对待这些意识的艺术、技能、手法,以及意识实践。

目 录

第一章 进入禅 / 1

非思之思 / 1

静心 / 3

正念 / 6

持续练习 / 9

问题 / 10

第二章 意识问题 / 16

非二元性 / 19

意识科学 / 21

看见世界 / 24

意识能干什么？ / 26

第三章 禅之十问 / 29

问题一：我现在有意识吗？ / 29

问题二：我刚才意识到了什么？ / 35

问题三：发问者是谁？ / 43

问题四：它在何处？ / 49

问题五：念头是如何产生的？ / 55

问题六：没有时间。记忆是什么？ / 66

问题七:何时你在? / 75

问题八:此刻你在这里吗? / 84

问题九:我正在做什么? / 95

问题十:接下来会发生什么? / 105

第四章 有意识 / 113

第五章 禅师的回信 / 117

延伸阅读 / 123

后　记 / 125

第一章　进入禅

非思之思

　　思考是件趣事,甚至也可以说,思考是我生命中的乐趣和最钟意的嗜好。然而清晰的思考显然不是件易事,并且我们中的大多数人并未学会真正的思考。

　　科学需要清晰的思考,并且,科学家必须建构逻辑论证、批判性地去思考、提棘手的问题,并找出别人论点中的缺陷。然而不知何故,人们却期望他们不经任何初步的心理训练,就能做到以上所有几点。相应地,科学课程肯定也不会以一系列平静心智的议题作为起点。

　　如此这般或许也没什么关系。如果是个聪明伶俐的人,即使你有颗凌乱的心,也可以暂时赶走那些不想要的念头,并在智力上有很大飞跃或完成艰苦的实验。但有些问题需要另一种解决方法,例如我将要问的如下一些看上去平淡无奇的问题:"这是什么?它在何处?";以及一些要向我自己"问难"的问题,譬如"发问者是谁?";或者追问"发问心灵自身的本性"。所有这类问题都要求有一颗清晰的心灵,但对于大多数科学问题这却不是必要的。这些问题似乎既要求"思"的能力,又要求"非思"的能力。它们像科学一样需要一种探索意识的艺术。

　　禅修(meditation)所教导的恰是此"非思"的技能。在许多文化传统里,思虑过量并不受到鼓励,其充分理据在于:人们常常可以在理智上把握某种观念,然而却无法将之付诸实践。他们能够理解一个很难的概念,但这并不会改变他们看待世界的方式。在此可以举如下事例：佛教的老师常因此惩罚那些思虑过多的学生。另一方面，用禅修来思考在佛教实践中并不等于完全无知，很显然，佛陀本人就是一位深刻的思想家。不管怎样，我这里的目的不是获得"开悟"（enlightenment），或度过苦厄，而是要探索十个艰深的问题；出于这个目的，我需要把"思"与"非思"结合起来。

除了科学，我还探索了很多不同的世界观，从巫术到"唯灵论"（spiritualism），从"通神论"（theosophy）到"脉轮说"（chakras），尽管它们表面上很有吸引力，但事实上都令人不满意。他们给出的答案全然是对的，但是答案既教条又混乱。它们既不符合科学理解，也没有带来新发现。最糟糕的是，他们的学说不能随着变化而变化，仍然严格地依照古籍或其提出者的主张。直到我偶然地发现了禅（Zen）。我被鼓励有"大疑"（great doubt），让我去"参究"（investigate），并教我怎么做。

禅是佛教的一个分支，始于 7 世纪中国的"禅宗"（Chan），后来向东传播，成为闻名的日本禅（Zen）。虽然都基于历史上佛陀的教义和深刻见解，但与佛教的其他分支相比，禅对理论和文本的重视程度要低得多，更多的是侧重实践修行，以获得对自己真实本性的直接体验。这也许就是为什么，从它在 19 世纪晚期出现在西方开始，就吸引了很多学者、哲学家和其他思想家，他们喜欢禅奇怪的悖论，也不用涉及宗教活动或教条信仰。

和科学一样，禅要求你提问，运用规范的探究方法，推翻任何与你的发现不符的观点。事实上，禅就像科学一样，更多的是一套技巧，而不是一套教条。禅有它的学说，科学有它的理论，但这两种情况都是理解宇宙的暂时尝试，等待更深入的探索和进一步的发现。禅并不要求你相信任何事情或盲目信仰，而是要求你努力自己找到答案。

我不是一个佛教徒。我没有加入任何佛教教团，没有接受它的任何宗教信仰，也没有做任何皈依。我现在这样说，是因为我不想让任何人认为我的写作是某种"诈取"行为。我在这里所说的一切都不应被视为一个佛教徒的话。相反，我是一个具有质疑精神的人，只是偶然间发现了禅，并发现它教益良多。这让我越来越深入地思考一类问题，这类问题我一直在问，包括我选择在这里处理的那些问题。这类问题正与这个发问的心密切相关。这

第一章 进入禅

本书探索了我最喜欢的十个问题,这些问题令我苦思沉吟。这也是我的尝试,看看直接观察一个人自己的内心是否能对意识科学有所贡献。在大多数科学领域,把个人体验引入科学肯定是令人不悦的——并且理所应当。如果你想知道行星运动的真相、人类基因图谱或一种新药的疗效,这时个人信念不是一种帮助而是一种阻碍。然而,这并不适用于所有的科学。随着我们关于大脑理解的增长,我们越来越接近直面意识问题。现在也许是到了欢迎科学家的自身体验成为科学本身的一部分的时候了,要是能作为一种理论指南或能为所需说明的东西提供一个更好的描述那就更好了。这本书中描述了我试图将科学和参究意识的个人实践结合起来的尝试。

下面我将解释一下我所使用的探究方法,以及我是怎么学会在转向问题本身之前练习这些方法的,不过如果你想略过这些,直接回答问题,那也可以。

静心

探究这十个禅学问题既要求、同时也鼓励一颗平静的心。然而,我们的心往往不那么平静,事实上,它们习惯于四处奔腾,满是交叠的念头,忽而被情绪反应推来推去,忽而被周而复始的曲调激怒,常常从一件事跳到另一件事。只要是一颗骚动的心,稳定、深入处理任何问题都变得不可能。

那么,心如何才能平静下来呢? 显然,禅修可以做到,这也是我在这里使用的方法。从内容上看,禅修无非是静坐和集中注意力,亦即保持放松和警觉,而不去纠缠于念头、情绪或内心对话的小火车。我学习禅修部分是出于好奇,部分是出于当时我被生活的痛苦和困惑所驱使,期待从禅修里获得帮助。

后来我发现,在"禅"中,有一些技巧可以训练我们的心倾力去"观",同时坚定不移地提问;问那些疑难问题。经过多年的发展,禅的探究方法是一门真正的艺术,它初看起来似乎与我们的科学截然不同,甚至是对立的,但渐渐地我意识到这两种方法是多么兼容。

我曾在20世纪70年代作为一名学徒进入禅修训练,它被称为"打坐"(Zazen),被描述为"只管坐"(just sitting)。我原以为这是很容易的事:只是静静地坐着,其他什么也不做,只是放松自己并警觉自己的念头。然而,后来我才知道这有多难。我想继续努力,但是和很多人一样,我还是没有养成定期禅修的习惯。后来在1980年,我开始参加约翰·克鲁克(John Crook)的晚上课程,地点是他布里斯托尔的家里地下室。克鲁克是一位有名的大学讲师,也是一位禅师,也是一个我可以放心的老师。他不是一个剃着光头的神秘东方大师,而是一个接地气的英国学者,又曾受过僧侣和禅师的训练,并像我一样,将自己的理解消化给西方人。

有些时候,一些奇怪的事会牢牢地印在心里。我记得那天晚上,我和其他一群禅修初试者以标准的坐禅方式坐在那,努力让自己坐得舒服点,盘腿坐在坐垫上,低头看着面前的空白墙。那时,他说,我们的心如果足够安静,就能听到木虱爬过地板的声音。不知怎的,这句话一直萦绕在我心头,我也想能听到木虱爬的声音。我想这个想法让我认识到我的内心有多么混乱,根本没有片刻安宁去聆听这么微弱的声音。

几年后,我在约翰位于威尔士中部的农舍里开始了我的第一次闭关(retreat)。曼威德(Maenllwyd)是一幢结实的小石屋,坐落在靠近沼地边缘的一个小山谷里。四周有羊群在灰色的岩石和石楠丛中吃草,咩咩叫着。我穿过几英里蜿蜒在田野间的崎岖小路来到这里。这所房子里没有电,没有煤气,没有电话,甚至没有手机信号。即使是夏天那里也很冷,外面的景色很荒凉,离这最近的一个小村庄也在山谷的下游几英里远。

房子里摆满了旧式的家具,装饰着羊的头骨和骨头,点着油灯,还有一个用来加热取暖的古老厨房炉灶,当风反方向吹时,灶台就会喷出浓烟。在曾经的小谷仓里,大家安静地吃饭,睡觉就在里面的木平台上。穿过满是泥和羊粪的,粗陋、没有铺路的农家院子,是另一个谷仓,现在改成了禅堂。

1982年,在我第一次闭关时,所有的水管都冻住了,屋顶急需修理,风直接吹过我们睡觉的谷仓。猫头鹰飞了进来,蝙蝠就栖息在我们头顶。那年一月,山谷里的积雪有15英尺深,扫雪机一直挖到下一个最近的农场。就是在那里,我们丢下汽车,步履艰难地穿过农田。我用一根拐杖来帮助自己,因为那时我已有八个月的身孕,怀了我的第一个孩子:艾米丽。

我们每天禅修好几个小时,半小时一次,中间有短暂的休息,在零度以下的房子里,我们蜷缩在毯子里,呼吸在寒冷的空气中冒着明显的热气。我们渴望劳动的时候——你在周围劈柴、拍打地毯,甚至在厨房切菜的时候——能得到点温暖。在这里我得到了我想要的机会——在成为母亲之前,远离尘嚣,思考我自己和我的人生。但我也得到了远远超出我预期的东西。我本以为,经过整整一周的练习,禅修会变得容易,然后我很快就会转变成一个优秀的人,甚至开悟。相反,长时间的打坐暴露了我心中可怕的混乱,幻想,恐惧、愤怒和怨恨、内疚和担忧和困惑。

现在我明白了有一颗平静的心的必要性。我们被告知,静心是所有禅修的起点,平静之心也可以一路引导你前进。我们甚至还被告知了一些更扎心的事情,比如此时此刻你正在寻找的东西就在这里,真的没有什么好求的,一旦你达到了目的,你会发现一开始这就是条穷途末路,无论你多么努力(你也必须努力),最后你会知道其实你无物可求。

为了更清楚地解释禅法,约翰过去常说:"让它来,由着它,随它去。"这大概意味着——当任何观念、感受或烦恼在禅修中出现时,不要与它们斗争,不要与它们互动,不要把它们推开或紧紧抓住,只需一遍又一遍地经受这个相似的平缓过程:任它们在心中升起,无论它们成为什么样子,都随它们,不要细化、加工它,让它们在自己的时间里消失。然后它们就不会给你带来任何麻烦,你的心灵也会保持平静——不管它们是多么美丽或可怕。

集中注意力并"随它去"(letting go)听起来既简单又容易,但我很快就发现这既不简单又不容易。我们这些闭关者连续几个小时坐在我们的坐垫上,试图平静心灵,不执着并且心注一境。我的心一次又一次地滑向对过去或未来的思考;想象与他人的对话;再度上演我曾经做过的事,让它看起来变得更好些——计划如何弥补我感觉不好的行为。一次又一次的"随它去"

让我睡意朦胧,我面前那道古老墙壁上的灰泥裂缝就会变成恐怖、战争、折磨和痛苦的可怕幻觉。有一天约翰说:"随它去,记住这里只有你和那堵墙,而那堵墙什么也没做。"

正念

正念(Mindfulness)通常被描述为"活在当下"。当我第一次在一个佛教心理学会议上听说这个观点时,我感到很奇怪:难道我不就是活在当下的吗?我不活在当下我还能活在哪呢?但我注意到一个非常奇怪的事,当我开始问自己"我现在在当下吗?",答案总是"是的"。但我又有一种奇怪的感觉,也许就在刚才,我根本就不在场。这有点像一觉醒来。但如果是这样,我又是从哪醒来的呢?

我想知道,如果长时间保持活在当下的状态,是否能带来某种瞬间与瞬间之间的连续性?这个连续的感觉似乎会因为我经常不在当下而受到威胁,从前我还认为连续感是理所当然的,甚至想都没想到过它,以及如果我不在当下那又在哪里呢?日常生活是一种你可以从中醒来的梦吗?各种各样的问题接踵而来,我也不知道该怎么回答。

我还敏锐地意识到了自己内心的烦恼。当时我们生活在德国,我丈夫在那工作,我和两个小孩待在家里,试着学习德语。我渴望有单独写作的时间。我感到孤独、不快乐,甚至是有点虚幻。一切似乎都没有生气和活力。我们的公寓在风景如画的图宾根小镇上,眺望着美丽的公园,我过去常常盯着那些树,掐自己,想让它们看起来真实一点,我为自己不能欣赏它们而感到不安。我讨厌这种不真实感,我感到我真的不在那儿,那一刻我的确是没有"活在当下"。

所以当我听说正念的时候,恰好是在一个会场里,于是我决定试一试。我心想:"好吧,我要试多长时间……一小时?一天?"其实那样就没抓住重点。如果我真的活在当下,我只能现在就做、现在就做、现在就做,所以我开始了。结果令人吃惊,继而令人恐慌。活在当下,看起来没什么争议,实际上却很可怕。它意味着要放弃很多东西——实际上是放弃一切。意味着我不去想下一刻,不要老是想着我刚才所做的事,不去想我可能会说什么,不去想我后面会有什么对话,别盼着吃午餐,别盼着周末、节假日或……任何东西。但是这个理念抓住了我,我继续保持下去。事实上,我坚持了七个星期。

这个过程大部分是关于"放下"或"不执着"的。当我的心从我面前的世界滑落到对过去或未来的思考时,内心有一个小小的声音会说:"回到现在",或"现在就在这",或"随它去吧"。我记得约翰说过:"让它来,由着它,随它去。"现在我真的这么做了,不仅仅只是坐着打坐或闭关,而是每一天的每时每刻。除了此刻正在发生的,对当下所升起的一切都必须松开手。我发现自己说着"随它去吧……"或者刚说"随……"就全身心地投入到当下,就在这里。

但要让这么多东西都随它们去真的有点麻烦。有时夜里在床上我刚想放弃——沉迷于一些令人轻松的性幻想或愉悦的思索,但那个小声音就会继续说:"随……"然后古怪的事就开始发生了。一开始,本来我不假思索地假设了所有那些无休止的念头(关于我刚刚做了什么和我接下来要做什么)对度过我的复杂生活来说是必要的。但现在我发现并非如此。我惊奇地发现,其实不需要想这么多,但我却耗费了如此多的精力。举个简单的例子,我发现我可以有一系列的念头,比如"我想我要做一个奶油豆砂锅当晚餐。家里有西红柿和胡萝卜,但我必须记着天黑前出去摘些西兰花",在这一瞬间,到这就停止,到记着待会出去摘些西兰花就可以了。我以前为什么要浪费那么多精力呢?

另一个奇怪之处是我体悟到:当下这一刻总是好的。这个奇怪而又解放的想法我也是渐渐产生的。我一次又一次地注意到,我所有的烦恼都在那些我没有放下的念头中,而非当下即刻的情境里。即使当下的情境是个困境,并且它总是连着过去或未来。例如,取暖油再次用完了,我得把罐子搬到三层楼下面去,到地窖去取更多的油,我很烦,但我前面的台阶和看着我的脚正在爬楼梯的视线都不会烦。试着融入幼儿园的其他妈妈当中去时，可能我会感到无聊和焦虑，但孩子们玩耍的声音、我面前幼儿园的门，都不会无聊、不会焦虑。我正在惊慌失措地冲向一辆公共汽车，担心错过了会发生什么，以及接下来要怎么道歉，但奔跑的脚和闪过的场景都不会想这些。

当我把注意力投注在当下时，奇怪的是，那些不得不处理的困难情境实际上会变得更简单而不是更难。当面对特别困难的人生抉择时，我发现我以前会写下一份利弊清单，然后加以评估。但用一种全新的方式做会是这样：我依次考虑了每一个决定可能带来的后果，对清单上的每一个决定都给予了极大的关注。然后我选定了一个，选定之后就不再烦恼或回头再做一遍选择。然后我就开始执行。

常规来说，立即放下你已经做过的事情，之后是极大的解放而非烦恼。虽然你自然会担心，这样做你可能会表现得很蠢，会让自己出洋相，会做一些危险的事，或者更令人担忧，你会放下所有的道德责任。奇怪的是，这似乎并没有发生。事实上，身体似乎一直在做着相关的、合理的事情，显然没有我所想象的那么痛苦。我一次又一次地发现，我的心已经总结出了所有的选项，选择了一个，执行了它，然后继续前进。我不需要为每一个决定而烦恼，也不需要问自己这样做是否"正确"。这都已经过去了。

行动然后继续前进，似乎意味着放下所有的责任，但责任行为仍然在发生。这个有趣的悖论在一些问题中会一再出现。其他悖论则与"自我感"（sense of self）有关。例如，此时此刻，事情正在发生，但是如果没有关于过去和未来的念头，就没有一个人正在体验或正在做这些事情的感觉。如果有人告诉我这些，估计我也会对这种可能性感到害怕，但在实际练习中，它却像卸下了一个本来就没被注意到的负担；或者像一阵可怕的声音，你甚至还没有注意到它在打扰你，它就停了。

但也有危险的时候。我记得有一次我牵着我两岁孩子的手，正试图穿过一条山路时，发现我根本无法判断迎面而来的汽车的速度。当下那一刻，它被冻住了，而我想不到下一刻。我确定我一定是太过了。如果把这个推得更远点，或者放下更多心之所想，我不知道会发生什么。虽然有很多人提倡这个，但我不知道继续这种练习是否一个人全部生活都是可行或可取的。我只知道我为此努力了七个星期之后就停止了。事实上整个过程似乎自然就结束了。

最后，我注意到一个简单的事实：坐下来禅修不是一件苦差事，而是一种幸福的解脱。单纯坐着并注意当下，要比一边奔波、照看孩子、开车或写信一边还要注意当下要容易得多。所以从那时起，我就放弃了紧张的正念练习，但我每天都禅修。最后，终于，一切又开始变得真实起来。树木就在这里，生机勃勃。孩子们的叫声那么直接又活力满满，我就在他们身边，看着他们在做什么。我似乎不再是我以前所认为的那个自己了，但我（或是另一个人）感觉更有活力了。

持续练习

后来我再也没有像多年前那样紧张地工作了，但我断断续续地训练着"正念"，持续每天都禅修。和正念一样，禅修技能很容易丧失或被埋没。所以，如果你想有一个清晰和冷静的头脑来提问，坚持练习是很重要的。几乎每一个经常禅修的人都会说，他们有过或曾经有过难以建立日常练习规律的经历。对我来说，正是与正念的接触才使这成为可能，但其他人的一些暗示和提示也很有帮助。所以我坚持了下来，万一有什么用处呢？

最重要的是不要对自己预期过高。例如，"超验静坐"（Transcendental Meditation）组织建议每天两次，每次 20 分钟。藏传佛教徒每天也要练习两次，并在长达一小时的功课开始时进行观想（visualisations），旨在唤起正念、慈悲或观（insight）。禅修通常是半小时，但严格的修行者每天会修几堂课，课间会有短暂的休息。这在闭关或启发会（inspiring conferences）的时候比较容易，但如果你要选择一种（你觉得你能坚持下去的）练习，它总归需要在繁忙的一天中抽出一大块时间，这就没那么容易了，如果你失败了，你会感觉自己很糟糕,然后彻底放弃。

就我个人而言,我不准备在闭关之外花那么多时间,我也不想每天为是否要静坐而烦恼。所以我每天早上第一件事就是禅修15分钟,常常是和我伴侣一起,这很适合我。它逐渐令我产生了我所乐于接受的深刻变化,毕竟这比什么都不做要好得多。最明显的是,让心平静下来变得越来越容易了。也许你能做得比我多得多,这可能有助于深得多的练习,但我确信,少总比没有好,每天做一点总比断断续续要好。

我曾经从某人那得到很大的帮助,他告诉我:"承诺每天自己能坐上蒲团,就可以了,如果你想3秒后就停止,那也没关系。"我发现这个相当奇怪但非常有用的建议,这也是我个人现在承诺的范围。事实上,我很少只坐几秒钟——只有在我睡过头了,要赶火车,或者刚刚发生了什么危机的情况下才会这样。更多的情况是,哪怕我感觉不想静坐,但我仍然会强迫自己坐在垫子上,预期只持续没几分钟,然后不知怎的,一旦我坐在那里,它似乎就会很舒服。5分钟过去了,甚至15分钟过去了。不管怎样,我坚持了我的承诺,并有一个逐步深化的定期练习。

因为考虑到与理解本书中我的提问方式有关,所以我在这里描述了我自己的一些个人实践。应该澄清的是,这些年来我学到了各种各样的技能,其中一些(尽管不是全部)是传统禅训练(Zen training)的一部分。这本书是关于我如何运用这些技巧来解决十个难题的;你也可以称之为:用意识来观意识。

问题

这些问题以不同的方式出现,我在不同的时间和地点处理它们。其中有些有很大的知识根源,它们来自我的科学研究。比如,第一个问题"我现在有意识吗?",就是你开始在智力上与意识之谜做斗争时的一个明显起点。然而,如果你一直追问下去,即使是这个简单的问题也会产生奇怪的效果。

第二个问题,"我刚才意识到了什么?"的灵感来自于第一个问题对选修我的意识课程的学生们的影响。为了让他们像学习理论一样观察自己的体验,我给了他们一系列的问题作为每周的练习。他们整个星期每天都要问自己很多遍这些问题,我也是这样做的。他们的探索和困难给了我很大的启发,在接下来的几年里,我一遍又一遍地思考这些问题。

相比之下,有些问题则是经典的佛学问题。有一个来自藏传佛教的大手印传统(Mahamudra tradition),即"在宁静中安住的心和在念头中流转的心有什么区别?",与之相关的问题还有"念头是如何产生的?"。多年来,除了多次禅修闭关外,我还跟着约翰在曼威德进行了三次正式的大手印闭关,这个问题就是他使用的一系列问题之一。我发现这些问题一直困扰着我,于是有一年我决定靠自己来处理大手印的系列问题。

我是一个人在曼威德闭关的时候做的这件事。我早就觉得那种正式的闭关很烦人,周围人那么多,睡眠又那么少。我想在自己的时间里独自一人在山上禅修,即使预想有点可怕。这时我跟约翰已经很熟了。我们一起开设大学课程,组建了一个对佛学感兴趣的学者群,而且我已经去过曼威德好几次了。所以,有好几次,约翰让我一个人用这所房子。我带了足够的食物和其他给养,独自在那里待了五六天。我总是在夏天过去,这样我就不用和油灯做斗争了,也不用冒着无人看管的蜡烛可能烧毁这个地方的风险。我自己也搞了一个个性炉灶,足以应对古雷伯恩的各种突发情况。我把牛奶和酸奶存放在小溪里,把其他食物放在防鼠盒里,都安排得很好。

在我去之前,我草拟了一份日常事务清单,大部分是半小时静坐加中间短暂的休息,但我也会下午去散散步,走路上山休息吃饭,给约翰干点活,比如剪剪长草,劈劈柴。除了几页《大手印》经文外,我没有带任何阅读材料,我试着尽可能地保持正念。我应该说,完全独自一人在山里,这是一个有点令人畏惧的经历,但这是高强度练习所需的。

最后两个问题是经典的禅"公案"(koan)。公案有悠久的传统,通常是关于法师和僧众之间奇怪互动的故事,伴随着令人困惑的结局或智力上令人感到荒谬的转折。在一个经典的公案中,惠能大师问一位僧人:"不思善,不思恶,正与么时,何者是父母未生前的本来面目?"①

我最喜欢的故事之一是这样的:当一位僧人翻山越岭,筋疲力尽地到达某寺院山门时,却被另一个僧人手指指着,并追问道:此指为何物,何以至此?

公案通常被用来帮助学生摆脱"执取"(attachment)或"我慢"(complacency),激发"内观"(insight),或激起"大疑"(great doubt)。约翰自己的导师圣严法师(Sheng Yen)强调"大信根"(Great faith)、"大疑情"(great doubt)和"大愤志"(great angry determination)是习禅的基础。"公案"可以激发所有这些东西,正如我在一些"禅关"中学到的那样,你得花整整一周的时间来参究一个"话头"(研究同一个问题)。我发现公案非常有力量,这可能就是为什么它们历经数个世纪而流传至今,并且在与最初孕育它们的文化截然不同的文化中,至今仍对你我这样的人有帮助。

还有些其他问题困扰了我很长时间,无论它们是来自我的科学工作还是产生自禅修当中。有一天,我决定对它们进行系统性练习,并在有限时间内尽可能地推进它们。所以我给了自己一个星期在家独自闭关。

我们有一个相当大的花园,里面有菜地,一个小果园,一个温室和一个木制的"凉亭",它更像是一个漂亮的花园小屋。屋里面衬着破旧褪色的天鹅绒窗帘;加上垫子、坐垫、冥想凳和其他几样东西,很容易就变成了一个禅堂。当时是隆冬时节,我不想冻僵,所以我也带了水壶、茶具、热水瓶和其他一些东西。虽然我睡在室内,但当我晚上进屋的时候,我坚决避免电话、电子邮件、信件和任何其他让我分心的东西,否则我就整天待在外面的花园里。

---

① 译者注:语出《六祖大师坛经·自序品第一》,原文为:"不思善,不思恶,正与么时,那个是明上座(惠明)本来面目?"

第一章 进入禅

我为自己设定了简单程序:连续半小时的静坐,中间穿插短暂休息,或在花园里专心干活。第一天我花了一天时间来让心平静下来,后面每天问自己一个问题。在一天的时间里,包括大约六个小时的禅修,我可以在其中一个问题上取得相当大的进展,并记录下当时所发生的事情。当然,多年来我一直在以各种方式研究这些问题,但像这样集中精力是很有用的。当我写这本书的时候,我好几次花一天甚至更长的时间回到那个小屋,去再次思考这些问题。

虽然每次问题和情境有很大的不同,但我发现自己已经适应了一种研究方法(尽管它可能不适合于其他人),这种方法似乎让我的科学和我的禅修相得益彰。

在大多数情况下,我使用的方法是这样的:选好要练习的问题后,我就把它忘得一干二净,只是坐下来,让心稍稍静下来。一旦我的念头慢下来(大概15分钟或20分钟后),我就开始施加一点压力,例如,更加专注于当下。然后我再坐一会儿,让它稳定下来,进入到警觉和开放(alert and open)的状态。我是清醒的,能够专注,很少分心。拥有一个绝对清澈的心是完全可能的,完全没有念头,但我仍然不是很擅长于此,高兴的是,不必非要完全达到这种程度。只要心是开放的、广大的、平静的、稳定的——任何分心的事情都很容易被抛到脑后——那么我就准备好回答问题了。

在某个时刻,问题就会弹出来,我也不知道这是怎么发生的。它已经被储存在那里了,等待着被询问,然后现在就跳进来了。所以我就开始着手解决这个问题,而且是以一种彻底、系统的方式。有些问题会通往追问各种可能性的巨大树状分支。例如,问题"没有时间。记忆是什么?"这句话只有九个字,却开启了探索整个可能性的世界。你可以同意这个陈述,接着问这个问题;也可以不同意这个陈述,并提问;探索时间;探索记忆;或者把这整个作为通向永恒的入口。我通常会先在心里列出一些明显的任务,把计划记在脑子里,然后按分支一个接一个地开始进行。每一条线路都会引出更多的支路,这就需要大量的训练(虽然时间很有限)来保持探究分支的同时把整个路线规划记在心里。但这就是思考的乐趣,我很喜欢。

其他一些问题需要做的筹划更少,然而却更需要直接的体验。例如下面这个问题:"在宁静中安住的心和在念头中流转的心有什么区别?"。这个问题是一个真正的杀手(这大概就是为什么它会被用在大手印练习当中)。乍一看,这听起来像是一个可能有答案的问题,但随后你意识到,要回答这个问题,你必须得熟悉处于宁静状态的心是什么样的——但这并不容易。然后你必须能够观察到心如何在念头中运动——一种完全不同方式的棘手。然后,你大概才能对它们进行比较。到这个时候,这个问题本身其实已经不重要了,这些基础性工作的探索已经进行得那么深远了。

我曾经说过,对这些问题进行提问既需要、同时也鼓励一颗冷静的心,这些例子就解释了为什么。对于我所说的那种果断的、系统的思考,平静的心是必要的;否则你就会分心,然后迷失方向。但问题本身往往会引发进一步的平静——不是因为思考是平静的(思考并不平静),而是因为问题的主题。比如"这个体验在何处?"这个问题,它需要有一个稳定的体验去审视。再比如像"发问者是谁?"或者"我现在有意识吗?"这些问题,可以打败所有的逻辑思维,将心灵掷入空性(emptiness)中。

我解释这些,部分是要表明我是如何着手这十个问题的,但是也有部分是要澄清我的方法并不是在大多数禅宗训练中所倡导的。的确,在禅宗中,人们经常被提醒"念头就是敌人",一般来说,所有的思考都是被劝阻的。我做了很多思考,因为这是我所能用到的探索这十个问题的最好工具,而且这种思考形式在禅修艺术和我的科学之间架起了一座桥梁。我敢称它们为"禅之问",乃是因为我以为它们都在行禅之事:呈露出自我和心灵的本质,都理解了非二元性。

第一章 进入禅

第二章 意识问题

在今天,意识被认为是科学面对的最大谜团。意识之谜与哲学本身一样古老,并且从来没有得到令人满意的解答。它是以这样或那样的方式存在的身心问题,也是熟悉的二元论。

问题是这样产生的:拿起一样任何你想拿的东西;你可能会拿起一支笔或一本书,或一杯酒,如果在你阅读时你碰巧手头上就有这么个东西(我就边写边这么做了一下)。现在仔细看看它。它是一个占据一定的时间空间、在真实物理世界中的真实物理对象,拥有适用于所有人的属性和规则,不相信这一点似乎是不可能的。毕竟,这杯酒的行为方式是可以预测的:如果你放开它,它就会"哗啦"一声掉到地板上,弄得一团糟;如果你把它递给别人,他们会说"谢谢",并同意这是一杯2005年的红葡萄酒,口感饱满,果香浓郁,带有一丝单宁酸。如果不假设一个拥有真实葡萄酒的物理世界,就很难解释这一切。

但现在来谈谈你自己的体验。把你的酒杯举到阳光下,享受透过酒杯映入眼帘的深邃的、闪烁的红色;把它举到鼻子边,闻一闻独特的混合香味;品尝一下它。这些品质是你而且只有你在你自己的内心深处所体验到的。你不知道葡萄酒对你的朋友来说是什么味道,什么气味,那种看起来特别的红色对她来说是否跟对你来说是一样的,甚至不知道她对红色的体验是否更像你对蓝色的体验(这引发了一个古老的哲学难题)。如果没有一个私人的精神世界,我们很难想象这些。

第二章　意识问题

哲学家们把这些私人的"心理品质"(mental qualities)(红酒的红色、气味或杯子在你皮肤上的感受)称为"感受质"(qualia)。有些哲学家拒绝"感受质"的存在,但他们依然同意如下看法:当我们说"意识"的时候,它意味着某种"主观体验"。20世纪70年代的一篇著名论文提出如下问题:"成为一只蝙蝠是什么样的感觉?"答案是,我们无法真正知道那会是什么样的,但我们能形成如下共识:如果存在一种感觉与成为蝙蝠一样,那么蝙蝠是有意识的。如果不存在一种与成为蝙蝠(或石头或婴儿或酒杯)一样的感觉,那么蝙蝠是没有意识的。有意识意味着拥有主观体验:说我是有意识的,意味着存在一种感觉与成为我一样。

所以我们真的被困在两种完全不同的东西里——世界上的物理事物和主观体验。它们就是不匹配。它们看起来很不一样。

你可能会接受它们就是不同的,世界确实是由两种根本不同的质料组成的。有这样想法的不止你一个。事实上,相信二元论似乎是人类思考世界的自然状态。关于精神和灵魂,以及超验的心灵领域的观点,可以在几千年前的历史文献中找到,二元论盛行于当今地球上的大多数社会。即使是在富裕且受过良好教育的西方,对普通民众的调查显示,大多数人都是二元论者:也就是说,他们相信心灵和身体是分开的,或者他们认为/相信有一个内在的自我,它超越了单纯的物理外壳。二元论是如此的诱人。

许多人也相信他们的心灵可以影响他们的身体。虽然这听起来很合理,但实际上它意味着它们是两个独立分开的东西。这是二元论的一种隐藏形式。其次,许多人相信他们的精气神或灵魂,可以在肉体死亡后存活。这种二元论常常被推销为"唯灵"的世界观,而不是"反灵"的科学观。它在无数的新时代以及"心灵和灵性"的书籍和杂志中得到推广,并与所谓无心的科学唯物主义背道而驰。然而,声称自己是"属灵的"并不能使它成为现实,这些有利可图的世界观甚至很少承认这些困难,更不用说像科学和禅宗那样试图去解决它们了。

最著名的失败解决方案是17世纪法国哲学家勒内·笛卡尔（René Descartes）提出的"笛卡尔二元论（Cartesian dualism）"。他认为，物质身体是由物质质料构成的聪明机器。在这一点上，他远远领先于他的时代，但他无法解释自由意志和意识，因此他得出结论，心灵是完全不同的东西，由精神、思维和非物质质料构成。笛卡尔二元论所面临的一个从未得到解决的持久问题是，如果这两种东西真的如此不同，那么它们就不能相互作用。如果它们不能相互作用，那么这个理论就无法解释需要解释的东西——我的心灵知觉到我的物质眼睛和耳朵所察觉到的东西，而我的念头似乎引发了我身体的行动。笛卡尔认为这两者在松果体中相互作用，但他不知道如何作用。其他人也不知道。所以二元论无补于事。这是逃避问题。

你可能想要摆脱这个痛苦的问题——那就试试吧。有两个明显的方向可以走，并且都已经被彻底地探索过了。一方面，你可以尝试观念论（idealism）；它认为没有独立的物理世界，宇宙中的一切都是由思维、观念或意识组成的。但那么是什么赋予了物质世界的稳定属性呢？为什么我们都同意酒杯掉到地上会摔碎，或者它重达27克并由水晶玻璃做成？另一方面，你可以尝试唯物主义；它认为没有独立的精神世界，宇宙中的一切都是由物质构成的。大多数科学家（虽然不是所有）都声称自己是唯物主义者，但那么我们的主观体验又能是什么呢？这款酒的细腻口感怎么会是一种物质的东西呢？

这就把我们带到了身心问题的现代版本，它被称之为意识的"难问题"：也就是说，大脑中客观的物理过程是如何产生主观体验的？神经科学家在理解客观的大脑过程方面取得了巨大的进展；通过脑部扫描、植入电极、电脑模型，以及其他各种方式来研究大脑是如何工作的。我们可以测量神经元的电刺激，突触的化学行为，信息的处理以及视觉，听觉和记忆的机制。我们可以看到信息是如何通过感官通道流动的，以及反应是如何被协调和执行的。

但是我和我的意识体验呢？我应该如何纳入到这个由输入、输出和多个并行处理系统组成的集成系统？奇怪的是，我感觉自己好像在所有这些活动中,体验着通过感官进入的所有东西,并决定如何做出反应,而实际上大脑似乎并不需要我。没有一个中心的位置或过程是我之所在,大脑似乎能够在没有任何主管、决策者或内在体验者的情况下完成它所做的一切。的确,我们对大脑的工作原理了解得越多,就越觉得有什么东西被遗漏了,这正是我们最关心的东西——"意识本身"。

真的有这个东西吗?这个问题把意识研究领域分裂得更为尖锐。今天,几乎所有的科学家和哲学家原则上都反对二元论,但仍有许多人认为,我们需要对意识作出特殊的解释,仅仅理解学习、记忆或知觉是不够的。还有一些人则相信,当我们理解了所有的物理过程后,就什么也不会剩下了——在这个过程中意识将会被解释,他们指责第一群人是隐秘的二元论者。因此,僵局依然存在。

非二元性

陷入二元论的诱惑是如此之强,以至于逃离二元论,以及逃离"我们有灵或灵魂"这一通俗观点,成为人类历史上稀有的洞见。这种洞见不限于现代科学和哲学,在基督教神秘主义、苏菲主义、不二论(Advaita)、道教和佛教的核心教义中也都能找到。所有这些传统都声称,世界表面上的二元性是一种幻觉,而这种幻觉背后万物都是一体。

与此相伴而来的往往是这样一种观点:没有独立的自我在行动。因此实现非二元性也就意味着放弃个人行为的感觉,或放弃作为所发生事情的"行为者"(doer)的感觉。这是相当难以接受的,它可能是为什么这些传统相比于伟大的有神论宗教,或那些承诺天堂和地狱以奖励个人灵魂的行为的宗教,如此不受欢迎的原因。

佛学信仰者认为:诸法实际上空无自性,或不能独立存在,但又空不异色。这一原则适用于我们所体验到的一切,包括所有的感觉、知觉、行动和意识,尤其是应用于自我时更为重要。一个流行的比喻是将自我描述为组成一辆马车的零部件集合。我们给这个集合起了一个名字,我们叫它"马车",但我们承认它除了轮子、底盘、车身和所有其他部件之外没有别的。同样的道理,人体就是这样一个器官的集合:心脏、肺、肝、肌肉、大脑和肌腱;这里面没有额外的独立的自我。这一点其实更难以令我们接受。

与此相关的观点是,尽管这些部分的集合完成了行为,但是除了行为本身之外,没有内部的"行为者"或表演者。佛教有句话说得非常清楚:"因果历然,而无作者。"

中国禅宗和日本禅特别大胆地直面这个问题。13世纪禅宗大师道元(Dogen),创立了(日本)曹洞宗(Soto Zen),他说:"研究佛法就是研究自己。研究自己就是忘记自己。忘记自己就是让对象世界(objective world)在你这占据上风。"如此就是达到了非二元的觉知性,或实现非二元性。

这就是中国禅宗和日本禅修行的最终目的。也许这就是为什么当我第一次遇到禅的时候,我知道我偶然发现了一些特别的东西。就像我一直在学习的科学一样,就像我自己内心挣扎的结果一样,它拒绝接受一种普遍的观点,即心灵寄居于身体中。取而代之的是只有一个世界,以及不断地发问。

不依赖于二元论来理解世界,这可能是现代科学和佛教的共同目标,然而它们使用的方法和目的完全不同:科学提倡思考、假设和通过实验来检验,而佛教拒绝思考,喜用悖论(paradox)。科学的目的在于理解、预测和控制,而佛教实践的目的则是直接实现非二元性,从而从妄想和痛苦中解脱出来,进入觉悟。我不知道这些目标最终是否一致,但我已经假设它们可能是一致的,而禅修的艺术可能有助于阐明科学,并在此基础上着手去研究那些问题。

意识科学

正如我们所看到的,大多数科学家和哲学家都同意意识问题是关于"是什么样的感觉"(What it's like to be)的,所以他们试图理解一个客观的、物理的大脑是如何产生主观觉知的。他们试图避免二元论,但事实证明这非常困难。

尽管意识理论有许多不同之处,但几乎所有科学家都做出了一些基本假设。例如,他们假设任何时候在某个清醒的人的体验中,他们的一些大脑过程是有意识的,但更多则不是。前者被称之为"在意识内","在觉知内",或者是"意识的内容"的一部分;后者则被称为"在意识外","在觉知水平以下",或者是"潜意识"或"无意识"。如果这是思考心灵的正确方式,那么科学需要解释这种差异;事实上许多科学家正在尝试这么做。他们尤其在寻找"意识的神经相关物"、意识的功能以及意识演化的原因。

虽然这些假设听起来都没有问题,但我认为它们是有问题的。让我们以"意识的内容"为例。这个流行的短语简单地指出了一个显而易见的事实,那就是在任何时候,有一些东西是我意识到的,而另一些是我没有意识到的;或许还有其他一类东西是处于过渡地带。我们给这些东西命名,如意识、无意识、潜意识、半意识、前意识等等。这意味着意识就像一个空间或容器——大脑里有一些无意识的过程,直到它们"进入"意识。

这很符合一些常见的比喻。其中一个就是"意识流"(stream of consciousness)的观点。它出自19世纪的心理学家威廉·詹姆斯(William James),他说意识并不会感到自身被切割成碎片,而是像河流或小溪一样流动。他拒斥了很多关于意识的常见假设,但坚持了他的"流"的概念。

另一个常见的隐喻是"意识剧场"。我可能会觉得,好像我正在看着自己个人舞台上发生的事件,有些被注意的聚光灯照亮,其他的则潜伏在阴影

中,跳上台来引起注意,或者进入我的意识,然后再次滑出舞台进入黑暗。

很多理论都是建立在剧场模型之上的,其中最著名的是"全局工作空间"理论。该理论最初是由心理学家伯纳德·巴尔斯(Bernard Baars)描述的,后来又被许多其他研究人员加以阐述和测试,其基本观点是:大脑是围绕一个工作空间组织起来的,在这个工作空间中,重要信息是在类似于剧院舞台这样的地方被处理的。在工作空间中信息被加工然后(无意识地)被广播到大脑的其余部分,这种全局的可用性使它们具有意识。

你可能会问:"这有什么错?"我认为答案取决于你如何从字面上理解剧场的比喻。哲学家丹·丹尼特(Dan Dennett)指出,想象这种他所谓的"笛卡尔剧场"(Cartesian theatre)是危险的。他认为,尽管几乎所有的科学家和哲学家都反对笛卡尔的二元论,但许多人仍然保留了它所隐含的隐喻,剧场隐喻就是其中之一。丹尼特说,我们把自己想象成了我们私人心理剧场里的观众,在这个剧场里,在这个念头、观念、知觉、记忆和欲望的连续流里,我们的体验进入我们的意识,然后又离开它。但在真实的大脑中,这些又会对应什么呢?大脑中没有"我"(I)可能存在的中心位置;它只是数以百万计的神经元以数十亿种方式相互连接。没有一个屏幕可以显示这些景象;没有一个单独的地方是"意识发生"的地方,没有中央司令部(在那里"我"可以做出所有的决定),因为所有的决定都是由整个大脑做出的。所以如果你想象了一个剧场,一连串的体验流和一个观察者,那么你注定找不到它们。

丹尼特将自我(self)描述为一种"良性的用户错觉"(benign user illusion),并用他的"多重草稿"(multiple drafts)理论替代剧场理论。根据这一理论,大脑以多条进路处理事件,所有这些都是并行的,并有不同的版本。没有一份草稿是"在意识内"或"在意识外"的;只有当系统以某种方式被探测时,比如诱发回应或提问题时,它们才会显现。只有在那时,众多草稿中的一份才会被认为是个体所意识到的东西。这就是为什么他声称"独立于特定的探测,意识流就没有固定的事实"。

多重草稿理论真的很难理解,或许是因为它的含义太深奥了。它意味着如果你问"我刚才意识到了什么?"是没有答案的:它取决于接下来会发生什么。事实上,在你生命的大部分时间里,"刚才我意识到了什么?"这个问题可能都是没有答案的。只有当你必须回应或回答一个问题时,你或其他人才会推断出你意识到了某件特定的东西或事件。那件东西或事件随后被认为是你意识的内容,但如果没有人问你,它就不是。它从来没有"进"或"出"过一种叫做意识的东西。

丹尼特称那些仍然相信笛卡尔剧场的人为"笛卡尔唯物主义者";他们自称是唯物主义者,不相信独立的自我或任何令人毛骨悚然的精神事物,但通过沉浸于剧场想象,他们正在想象一种不可能。

毫无疑问,没有人承认自己是笛卡尔唯物主义者。例如,巴尔斯就抗议说,全局工作空间是大脑真正工作的部分,而不是笛卡尔剧场。但如果它是大脑的一部分(或大脑中的某个特定过程),那么难题仍然存在:这部分或过程是如何产生主观体验的?为什么全局传播就意味着信息会变得有意识?

这只是一个例子,但是笛卡尔唯物主义的暗示几乎可以在每一个关于意识的讨论中找到。诸如"在意识中""在觉知中表征""意识的内容"等词语都暗含了笛卡尔唯物主义。

丹尼特的观点很有名,但也非常讨厌。他被称为意识研究的恶魔,他的著作《意识的解释》被嘲笑为《把意识解释没了》。人们似乎认为他的唯物主义商标是极度非灵的,甚至是反灵的,是最不可能与禅修实践或神秘洞见相容的。

我不同意,因为丹尼特真正想做的是指出一些我们在思考意识时很容易陷入的陷阱,就像禅宗指出我们很容易陷入的妄想一样。我认为丹尼特关于这些陷阱的观点是正确的,但我想补充的是,我们如此容易陷入这些陷阱的原因是我们假设我们知道意识是什么样子的。我们可能会想:"我现在是有意识的,所以我一定知道我自己的意识是什么样子的,没有别人能告诉我。"但也许我们并不能。但如果我们不能,那么所有这些伟大的科学事业都有可能在解释错误的事。这就是为什么我建议我们应该重新审视我们自己的心灵,也正是为什么我花了这么多时间来做这件事。

看见世界

视觉似乎很简单:我们睁开眼睛,世界就在眼前。然而,科学家们早就意识到这很难解释。首先,我们的眼睛一秒钟移动五六次,盯着某样东西,然后快速移动,但我们不会注意到这一点,而世界看上去是稳定的。问题在于,我们也只能看清楚注视点周围的一小块区域,但感觉好像我们同时看到了整个视觉场景,这是怎么回事?

信息通过眼睛,沿着视神经,通过中脑的中转站,到达视觉皮层。然后会发生什么?接下来很容易想到,一幅画面是"在意识内"出现,所以"我"可以看见它,但这并不能解释任何事情。"我"不得不成为另一个小人来看着这幅场景,然后我里面必须有另一个小人来看着场景的场景,这样就陷入了无限倒退。

"内在观察者"(inner observer)的概念早已被摒弃,但"内在图景"(inner picture)的概念则更为持久。然而,这也是有问题的。假设现在当你在读这本书的时候,所有的单词都变成了不同的单词,你会注意到吗?你当然可以说:"会。"然而假设现在你眼睛动一下,单词就会变,那样你会注意到吗?或者假设它们在你眨眼的时候发生了变化,你会注意到吗?大多数人说他们会的,但当他们发现自己可能不会的时候感到了惊骇。

这就是所谓的"变化盲"(change blindness),如果这些变化发生在眼球运动或眨眼的时候,那么令人惊讶的是,无论它们的变化是多么的大,人们依然无法注意到。我做过这样的实验,人们看不到一只泰迪熊出现和消失在椅子上,因为它的图片在变化的同时也在移动。其他研究人员在变化中间使用了灰色的闪光,或者使用电影剪辑来对人进行测试。心理学家理查德·怀斯曼(Richard Wiseman)曾拍过一部电影,在这部电影中,大多数物体和人的衣服都会在镜头切换的过程中变色,而人们却没有注意到。甚至有可能一个演员在剪切之间替换了另一个演员,而观众没有看到任何不妥之处。

这是奇怪的。当我们看世界的时候,我们认为我们对世界有一个丰富而详细的印象,并且我们知道眼前有什么。但我们注意不到巨大的变化。为什么注意不到呢?

这是怎么回事呢？我认为这是我们的错误假设受到了挑战。例如，我们很容易假设，环顾四周看到世界就意味着在我们的大脑中有一个丰富和详细的视觉印象。但如果这是真的，那么我们应该能注意到一些明显的变化。

有没有可能我们根本就没有创造出一个丰富而详细的世界图像？事实上，如果我们这样做，就会形成一种笛卡尔的唯物主义，而视觉就会成为不存在的笛卡尔剧场里上演的秀。但视觉还能是什么呢？有许多新的理论试图处理这些发现。一些人认为这里根本没有内部表征，一些人认为有短暂、暂时的表征，一些人认为视觉体验在我们关注它们的同时一直存在着，但之后又回归了虚无。而大多数人则同意，视觉世界的表面连续性根本不存在于我们的头脑中，而是存在于这个世界本身之中。在我们的头脑中，只有碎片和临时构筑物在不断地出现和消失，我们之所以能得到连续性和细节的幻觉，是因为我们总是可以再回顾一遍，检查我们喜欢的任何细节，所以我们从来没有注意到体验实际上是多么的碎片化。

我们是否真的在大脑中构建图像这个问题，对于意识研究的一个主要分支(即寻找"意识的神经相关物")是很重要的。这个观点是，取一个有意识的体验，找到与这个体验相关的大脑过程。诺贝尔奖得主弗朗西斯·克里克(Francis Crick)和他的同事克里斯托弗·科赫(Christof Koch)等科学家一直在寻找"我们眼前所见的生动世界图像"的神经相关物。神经学家安东尼奥·达马西奥(Antonio Damasio)则想要了解"大脑中的电影是如何产生的"。尽管他们的方法很受欢迎，但如果我们眼前根本就没有这样一幅生动的画面，这种方法是不会成功的。

对"变化盲"的一个特别具有挑战性的回应是凯文·奥里根(Kevin O'regan)和阿尔瓦·诺伊(Alva Noe)的"感觉运动理论"：一种视觉的"生成理论"(enactive theories)。对他们来说，视觉并不是建立在脑海中的画面。相反，"看见"意味着要掌握你所做的事情和输入的信息之间的关联。所以看见是一种技能，只有你一直使用这种技能，积极地与世界互动，你才能看到东西。大脑中没有固定的画面，也没有人在看它，所以自我和世界之间的二元论就消失了。

"但感觉不是这样的！"你可能会抗议说，"我不是只看到了每秒消失几次的碎片。我并不是只有在和它们相互作用时才能体验到它们。它们待在那里。我现在正体验着我周围世界的丰富视觉印象。"

但你真的觉得是这样吗？现在（正看着外面世界）的你到底是什么感觉？有没有可能，正如这些观点所暗示的那样，你的视觉世界的丰富性和稳定性就是一种错觉？你自己的私人体验实际上和你一直以来的假设非常不同？你会怀疑看起来如此真的东西吗？

这就是为什么我要如此努力地去审视我自身体验的本性。如果视觉不是我以为的那种感受，那么我想确定它感受起来到底是什么样的。

意识能干什么？

想象一下，有人扔给你一个球，你伸手干净利落地抓住它。对该动作自然而然习惯性的思考就是：首先你有意识地注意到球朝你飞来，并判断它的速度和位置，然后你有意识地控制你手臂和手的运动来抓住它。这就如同你坐在你大脑里面的某个地方，体验着一些事件，然后决定如何回应。

这又是笛卡尔唯物主义的一种形式——在我里面有个小人，它拥有一连串的意识体验流，并执行它们。除了哲学上的怀疑，科学也告诉我们这是不可能的。视觉系统由多达四十条的平行路径组成，它们在大脑中走不同的路线。其中有两条主要路径，一条是控制快速动作的背侧流，另一条是较慢的知觉和识别物体的腹侧流。所以如果你在打网球、骑自行车或接住那个球，在你看到球正在向你飞来之前，你的背侧流会确保你能接住那个球。

类似的令人不安的结论来自神经学家本·李贝特（Ben Libet）所进行的一系列著名实验。他让被试自己选择一个时间执行一个弯曲手腕的简单动作，然后证明，他们大脑的运动区域开始准备行动，比他们做出有意识的行动决定的时间早了近半秒。从那以后，这种一般效应已经被证实了很多次，而且用了多种不同的方法。

人们用无数种不同的方式来解释这一发现。最明显的结论是，自由意志一定是错觉，或者意识是没有用的，但其实还有许多其他可能的结论。虽然李贝特本人希望他的研究结果能够击败唯物主义，但它们做不到，不过它们也没有证明唯物主义是正确的。相反,我认为它们恰恰揭示了我们对意识和自由意志的思考仍然是多么混乱。

事实上,让这一切如此不同寻常的是,为什么每个人都对李贝特的结果如此惊讶?几乎所有的科学家和哲学家都声称自己是唯物主义者(或者至少不是二元论者)。换句话说,他们应该假设大脑过程会启动这个动作,应该对这个结果一点也不惊讶。然而,他们以前是惊讶的,以后也会是惊讶的。我认为原因在于,他们和大多数人一样,**觉得**好像自己是有意识地决定要行动的,是他们的意识导致了事情的发生。

所以我们在生理和心理之间(事物在物质大脑中是如何的,以及它们在内在感觉中是什么样的之间)有一个简单的冲突。我们如何解决这个问题?

我怀疑,如果我们不在思考意识的方法上来一场革命,我们就永远解决不了这个问题。我指的不是一场涉及量子力学、心灵感应、新自然力或超脱尘世的灵性和灵魂的革命。我的意思是一场深入我们自己内心深处的革命,它实际上改变了我们的体验,使我们能够以一种不同的方式说话和思考。这种方式一定有某些东西是非常反直觉的,这样才能真正根除二元论。

这些问题使我对很多思考意识的常见假设产生了怀疑。这些假设主要有:

> 世界上存在一个我。
> 我是一个持续的有意识的实体。
> 我可以有意识地引起我自己的行为。
> 意识如同一条溪流。
> 看见,意味着在大脑中上映一场丰富细腻的电影。
> 在一瞬间,和从头到尾的时间段中,意识都具有统一性。
> 大脑活动可以是有意识的,也可以是无意识的。
> 意识是有内容的。

体验发生在当下,也就是现在。

我对此表示怀疑,因为科学证据表明,其中至少有一些不可能是真的。这种怀疑和禅僧通过观照一个难解的公案而引发的怀疑是一样的吗?我想是一样的。这就是为什么我认为禅修可能有助于意识科学的原因之一。

这就是这本书的真正目的。我们面临着科学发现和自己直觉之间的冲突。关于意识的普遍直觉可能是错误的吗?许多人会说不可能会错;他们清楚地知道自己的意识是什么样的,不然没有人能告诉他们;他们知道自己是一个持续的有意识的存在,体验着一个丰富而生动的感官世界,他们的意识思维支配着他们的行动,当然他们也知道成为自己是什么样的感觉。

我对最后一点表示怀疑,也许我实际上并不知道成为"我"是什么样的感觉。也许我一直在假设"我"是如何感受,"我"是如何知觉,"我"是如何思考的,却完全缺乏仔细观察,这就是意识看起来是如此神秘的原因。所以现在我想非常仔细地审视自己的内心,看看我对自己体验的不加批判的假设是否可能是错误的。

My garden shed

第三章　禅之十问

问题一：我现在有意识吗？

当然！我现在当然是有意识的！

我现在有意识吗？

当然有。是的,我现在是有意识的。

但奇怪的事情发生了。当我问自己这个问题的时候,我就好像在那一刻才有了意识。我之前没有意识吗？当我问这个问题的时候意识苏醒了,因为我问了这个问题,感觉仿佛自己被唤醒了（waking up）。

这到底是怎么回事？（平静下来,慢慢来。）我现在有意识吗？

我能够记起问这个问题之前发生了什么,所以看起来这个人一定曾经是有意识的。还有另外一个人刚才是有意识的吗——仿佛唤醒就是一个有意识的人的一种变化？我当然不会觉得那是我,因为我才刚刚被唤醒,但肯定又不会是别人,因为这里除了我还会有谁呢？

另一种可能性是,在我问这个问题之前,我并非真正有意识。这令人深感不安。因为之前我从来没有问过这个问题。在我一生中,我肯定不可能一直处于无意识或半意识状态,对吧？除了问这个特殊的问题,也许有很多事情也让我变得有意识。即便如此,这也相当可怕。似乎确实如此,我的大部分时间都是无意识的,否则当我问"我现在有意识吗?"时,我不应该有这种被唤醒的确切感觉。

让我再问一遍。我能复制那个觉醒并观察它,看看它到底是什么样的吗?

我现在有意识吗?

我经常练习这个问题,一练就是好几个星期,好几个月。我一直这样做。我持续问自己:"我现在有意识吗?"起初最困难的部分是要记得问。但我想知道。我想知道有意识意味着什么。所以我坚持了下来。一些小事情都会让我想起这个问题——一个眼神,一个声音,一种突如其来的情绪——任何一件小事都会促使我去问这个问题。然后它一次又一次地发生;我感觉好像我一直在醒来。是的,我现在当然是有意识的。是的,我当然有,但我刚才没有。

从所有和我一起走过这条路的众多学生们那里,我现在知道了,最难的部分是要记住问这个问题。即使我觉得有动力不断地问下去,但当我做不到的时候,往往会有很长的间隔。所以我尝试了各种策略,我的学生也尝试了。

有人告诉我,他们把贴纸贴满了房间:在前门上贴"你有意识吗?";在烤面包机上贴"我现有意识吗?";在茶壶上贴"意识?";在枕头上贴"你确定你现在有意识吗?"。其他人相互结对,这样他们就能不断地提醒对方——"你现在有意识吗?"。有些人喜欢在特殊的时间和地方问;他们每次上厕所都会问这个问题,或者总是在上床睡觉时问这个问题,或者总是在喝东西或吃东西的时候记起提问。有时这些技巧会奏效;有时不会。

我不知道为什么这么难。就好像似乎有什么阴谋在阻止我们问这个问题;某种迟钝的妨碍,某种糟糕的昏沉,让人很难面对……面对什么?我想,是充分的清醒。这个问题促使我们变得有意识,变得对周围的一切更开放。虽然真诚地回答"不是"似乎是不可能的,但要回答"是"却也是一项艰苦的工作,"是的,我现在有意识",这或许是因为它提醒了我,大多数时候我不是有意识的。但这是值得的。我在坚持。

我现在有意识吗？是的。

啊,这儿有个新问题:"我能一直保持这样吗？"

有趣的事情一次又一次地发生了。我问这个问题。我回答是的。我现在完全是有意识的,当下这个时刻我已经清醒了。是这样。这很容易。我在这里。但在我意识到这一点之前,我已经在遥远的心猿意马里了:我在想别的事情,我在生别人的气,心不在焉地沉浸在过去或未来,或者一些完全虚构的、令人烦恼和恼怒的事情中。

然后问题又重新出现了(来自哪里？)。我叹了口气。再度迷失。是的,我现在有意识了,但是我刚才在哪里？暂时忘了它吧,冷静。提问。

我现在有意识吗？是的。

我似乎常常变得无意识,这使我很烦恼,我想知道这种无意识到底是什么。我不敢相信我的大部分生命都是在一种黑暗中度过的。当然,这是不可能的。然而,每次我问这个问题的时候,就感觉像我正在醒过来,或者一盏灯正被打开。更麻烦的是,这种灯光是如此的稀薄。通过问这个问题并打开开关,我似乎偶然间发现了一个事实:我的常规生活状态就是某种可怕的昏暗。这就是我如此烦恼的原因吗？这么不自在？这就是为什么我常常觉得没有什么是真实的吗？什么都不清楚,好像有什么放不下的东西,挡住了我的视线,让我头晕目眩？

如果这就是常规状态的话,那我想探索这种黑暗。但这是不可能的,不是吗？我是如何看见黑暗的,当光让它变得明亮的时候？

心理学家威廉·詹姆斯早在19世纪80年代就尝试过这种方法。他把意识流比作一只鸟的生活:交替着飞行和栖息。他试图看清飞行的本质,但却发现自己在这个过程中毁灭了它们,就像一片雪花冰晶被温暖的手抓住。"在这些情况下,试图进行内省分析,实际上就像抓住一个旋转的陀螺来了解它的运动，或者就像试图足够快地打开煤气去看黑暗的样子一样。"

"看看黑暗长什么样。"

这太难了。我必须把它留到下一次。至少现在，我已经找到了一种制造光的方法。就是这个简单的问题："我现在有意识吗？"

一个问题怎么能产生如此神奇的效果呢？我想知道问这个问题意味着什么。当然，一台每天脱口而出100次这个问题的录音机不会有变得清醒的体验的。它会吗？大脑的一部分会吗？我想这其中一定有比只是说几句话更多的东西。事实上，有时我重复得太频繁了，甚至使它们失去了意义。它们就变成只是一种吟诵，一个咒语，一串无意义的声音。这不是在提问。那提问是什么呢？问一个问题意味着什么？好问的大脑里面有什么魔法吗？

我能想到的最接近的就是把它看作一种姿态——一种面向世界的重要姿态。它是一种开放性。提问意味着对答案的开放。问就意味着等待。"问"就意味着在那里——而那里并没有我。我问。我现在有意识吗？

随着时间的流逝，我一直在问这个问题，有些事情发生了变化。起初它很不流畅。要有件事提醒我去问，我才会提问。我突然就被唤醒了。然后再来一遍。我在这里，在这一刻我是清醒的。我之前在哪里？我是不是经常在黑暗中？我很生自己的气——你怎么这么迟钝，这么快就睡着了。醒醒吧！但实际上我已经是醒着的了。我正在问这个问题。这一切都令人不自在。

这种转变逐渐容易起来。唤醒变得稍稍顺利了一些。实际上，每一次都让人想起上次。这就好像醒着的时候总是一样的，或者至少它和醒着的时候有更多的相似之处，而不是通常模糊、难以看清的黑暗。我持续问着"我现在有意识吗？"。

奇怪的事情发生了：一种连续性开始出现。虽然一开始这个问题总是孤立绝缘，并且几乎是一个令人震惊的尝试，但现在它出现得更容易了，一旦我问了并回答了它之后,我就试图保持问题的开放性。

我在想,长时间地保持问同样的问题可能吗?逻辑如此简单。问这个问题总是会得到"是"的答案。所以如果我一直持续问这个问题,只要这个问题被激活,我就应该保持有意识,不是吗?我努力着,随着时间的流逝,这个问题变得越来越容易去持续打开。这扇门不再会悄无声息地关上,因为只要被再次悄无声息地关上之后,它就又会被愤怒地拧开。渐渐地,渐渐地,持续问这个问题变得可能起来。语言已经不再真正的必要了。相反,这似乎只是一种质疑的态度,一种开阔的心胸。我现在有意识吗?是的,我有。继续这样问。现在呢,现在呢,轻轻地问现在呢?

这种连续性是什么?它看起来是这样的:在如此频繁、深入地提问之后,存在(being here)似乎更加连续了,而不是一次又一次地破碎。但这是自我的连续性吗?世界的连续性吗?还是意识的连续性?语言和理论可能会成为障碍。我必须再多看看。

最重要的是,这种连续性的感觉似乎是提这个问题的后果。很久以前,当我第一次练习正念的时候,我想知道觉知是否真的会随着练习变得更加持续。这是一个让我很困扰的问题,因为这个过程(如果这个过程存在的话)看起来是如此的缓慢。尽管如此,变化还是发生了,这种持续存在的感觉,现在变得更加常见,更容易获得,更少的震惊,更容易放松,而不会被分心带走。最后我得出结论,觉知确实会随着实践而变得更加持续——只是这可能需要很长的时间。是的,现在这种情况正在发生。最后一刻和现在,它们没有裂缝。在当下,就是现在。

值得一提的是,这到底有多么困难。我不知道为什么会这样,我也不知道问这么一个简单的问题接下来会发生什么与之相关的事情,但我知道,它抓住了问题的要害,而这正是驱动我去了解的东西。

这是它的核心。我又坐下来继续问。终于有什么东西稳定下来了。心足够冷静了,能够好好研究一下这个最简单的简单问题。我观察着。

我在我的花园小屋里,裹着毯子。现在是隆冬时节,非常冷。我已经坐了一段时间了,天色渐暗,现在我问了那个熟悉的问题。

我现在有意识吗?是的,我有。

但我说的是"现在"吗?什么时候是现在?找到答案的唯一方法就是"观"(look)。所以我要再多观察些。但事实证明,这并非易事,尽管当下的瞬间已经稳定了。

乍一看似乎明显有一个"现在"存在,是每件事正在发生的时候。正在发生什么?发生了这个,然后再发生那个。我原以为会有一种滑动的瞬间:这种当下的瞬间,向前滑行着,并标记着已经发生的事情和即将发生的事情之间的区别;有一条未来和过去之间的界限。但不知何故,这恰恰不符合现实。我在"现象学"的文献中读到,有一个现在、一个"刚过去的过去"和一个即将到来的未来。但这也不符合现实。我保持镇定并继续观察。

确实有些东西。但它们正在发生吗?我看不到,它模糊不清。这很难看清,挺令人痛苦。我看不到。发生的每件事似乎都以某种方式随着时间的推移而伸展开来。一群鸟飞过我的视野。我听到远处有警报声,救护车、警车、消防车,远处有什么东西沿路经过。但成为现在这样的感觉需要时间。我找不到它的现在。

是的,我可以抓到一个现在了,我可以用我的注意力抓出一个来了:这个和这个。它们曾经都发生过,不是吗?我敢肯定,它就是一个现在,虽然它已经随着时间过去了,但我可以有那种确定性。

创造一个现在看起来似乎很简单。我可以抓住两件或几件事,把它们立刻捆绑进一个瞬间。但这算吗?我不是在编造一个现在吗?我想找到自然的现在。这个问题令我百思不得其解。

我再次问自己:我现在有意识吗?无论这种连绵不断的现在做了什么我都观察着它的所做。这似乎变成了一个选择——抓住一些正在发生的事情,然后把它们捆绑成一个现在——快照。那就是它。那是一个现在——过去了的现在。或者就让无数的事情继续做它们正在做的事情。这似乎很清楚。随着连续性的继续,它们正在顺利地发生着。这儿有烛光在粗糙的木地板上摇曳,雨点打在屋顶上,远处的灯光闪烁着,几乎看不见,但没有哪一件是准确地发生在其他事情之前或之后的——除非我抓住了它们,把它们绑在一起,然后决定先出现哪个。事实上,我真的说不出这些事情是什么时候发生的。我所能说的最好的就是它们出现然后又消失了。

这令人不安。说不存在现在是一回事,但理解这可能意味着什么是另一回事。我努力想弄明白为什么这会变成一个问题,并变得令人困惑。我太习惯于思考过去、当下和未来的模式了,以至于我不知道没有现在意味着什么。然而,似乎没有一个现在存在。何谓现在,这似乎取决于我处理事情的方式。当我静静地坐着,什么也不做的时候,就不会做出哪些是现在的明显选择了。仅仅只是事情发生了而已。

我坐在那,我现在有意识吗?

许多年过去之后。

我现在有意识吗?不,我没有。

什么?

我第一次意识到我可以回答:"不。"假如这个滑溜、困难、不是真的在这里的存在,是没有意识的,而我一直回答"没有",又会怎样呢?

这和看黑暗是一样的吗?

这里有光吗?

问题二:我刚才意识到了什么?

如果我只有在问自己是否有意识时才会有意识,那么在我问之前呢?我似乎记得刚才发生了什么,但当时我意识到它们了吗?我能回顾一下,看看我提问之前那一刻意识到了什么吗?

这让我想起了一个非常熟悉的体验。它是这样的:我正在读书、写作或做诸如此类事情的时候,突然,我注意到时钟正在报时。我应该只是刚刚注意到它,但我似乎又一直在跟着听,因为我可以很容易地倒数,并知道它已经响了三下。我继续数着——它敲了六下。

那我刚才意识到第一声敲打了吗?显然没有;否则,我就不会有突然觉知到第四声敲打并回忆起前面三下的那种非常惊讶的感觉了。但如果那时我没有意识到,我怎么能在我的内心之耳(mind's ear)中如此清晰地记起那声响呢?是钟敲的时候它没意识,后来才变得有意识的吗?那样的话意味着什么呢?

我决定要研究一下。

我仍然坐在我的小木屋里,让心平静下来。我的计划很简单。我会等到一切都平静下来,然后再问自己:"我刚才意识到了什么?"

心静下来了。

我问。

我意识到了我的小屋的木地板;我已经看了它一段时间了。还有什么?我留心听着。当然还有——我身边有我们家猫的呼噜声。我已经听了一段时间了,至少看起来是这样。我也能想起在这之前的呼噜声。我从刚才起就一直在听着,不是吗?嗯,也许吧。然而,当我突然想到那咕噜咕噜的声音时,好像它就会立刻进入到我的意识中来,就像时钟的钟声一样。那么,我刚才有没有意识到它们呢?这里一定存在一个答案,不是吗?

我又试了一次,仍然坐在这里,视线落在了地板上;潮湿的花园在我面前铺展开。我带着开放的心态回顾自心,一如既往地提问。我刚才意识到了什么?

我自己的身体怎么样呢？我能感受到我坐在木凳上。我能感受到我的手紧紧地握在膝盖上。我的左膝有点疼。那种疼痛已经持续很长时间了。我知道是这样。我可以回顾那个连续不断的隐隐作痛，并感受到它的存在。还有更多。带着恼人的震惊，我识别出外面路上响起的警笛声，又响又明显。可刚才为什么我没有即刻就意识到它呢？这种响亮的俯冲声已经持续响了三四次了——不，不，不，我当时就意识到它了，不是吗？是吗？

不，我没有。或者至少我是不确定的。我试了好几次提问才偶尔听到那个声音，但当我能听到的时候，这个声音却又响又明显，而且已经持续一段时间了。但如果刚才我没有搜寻它呢？我会当时意识到了噪音，然后又忘了它吗？或者我从来就一点都没有意识到过它？那鲜活的声音会消失得无影无踪吗？它听上去确实很鲜活啊。我的确觉得自己一直是有意识地听到了那三四下声响。我有吗？

刚才我到底意识到了那声音还是没有？

这里肯定存在一个答案，难道不是吗？我想起了丹·丹尼特对奥威尔式(Orwellian)和斯大林式(Stalinesque)的修正所做的颇具挑战性的对比。

丹尼特认为，人们会很自然地假设"我在某个特定的时刻曾经意识到了什么？"这个问题一定有一个真的答案。所以，要么我只意识到了地板、手和疼痛是真的，要么还意识到了警笛声也是真的。但我们不能想象的是：或许没有正确答案。

为了说明为什么我们可能是错的，他发明了两种方式来描述当我突然变得觉知到警笛声时发生了什么。在一个版本中，我当时并没有觉知到警笛声，但当我问这个问题时，就像乔治·奥威尔(George Orwell)笔下的"真理部"(Ministry of Truth)①重写了过去那样，提取出一段先前无意识的记

---

① "真理部"是奥威尔在其小说《1984》里提到的一个部门，负责对任何历史事件的歪曲性报道。

忆,并让它看起来好像我过去一直都意识到了警笛声。在另一个版本中,我当时意识到了警笛声,而这个问题恰好提醒了我这个事实。如果我没有问这个问题,记忆就会逐渐消失,后面我可能就会像一场斯大林摆样子的审判秀上的证人一样,坚定地宣称我从未听到过警笛声——那么哪个是对的呢?我真的意识到了警笛声呢,还是没有?

丹尼特说不存在答案。我们根本无法知道。观察大脑内部是不会告诉你答案的,因为无论你用哪种方式描述,信号都会在大脑的相关部位被处理;而问别人也不会告诉你答案,因为她也不知道。所以这是一个没有差别的区分。我们应该如何对待这个没有任何差别的区分呢?忘了它吧;就接受"我刚才意识到了什么?"这个问题是没有答案的。真的是这样吗?

事实证明,这个问题很有趣,但也很困难。我决心夜以继日地探求它。在日常生活中,我试着不时地问自己:"我刚才意识到了什么?"

当我习惯了这个练习后,我的反应就固定成了一种模式。我通常会找几样东西;即我刚才可能已经意识到的几个候选事物。声音是最简单的选项。它们在时间里持久。当我偶然发现它们时,它们似乎总是已经持续发生一段时间了,我感觉好像早已经意识到过它们了。外边远处有汽车的声音。时钟在滴答作响。我自己心脏的跳动声。然后还有——哦,我的天哪——我怎么能忽视这一点呢?还有我的呼吸。我刚才一直在观察自己的呼吸,不是吗?

我从来没有把观察呼吸作为一种正式的禅修训练,但呼吸总是在那里。当我坐下来时,它慢慢地进进出出,稳定下来,变得深沉而缓慢。我知道。我刚才一直在观察它,不是吗?是吗?没有吗?我有吗?我怎么就不知道了呢?

让我们来把这个问题弄清楚。在许多其他过去的觉知的思绪线之后,我偶然注意到了呼吸。它似乎比其他任何体验都更持续不断。更重要的是,似乎有一个"我"一直在注视着呼吸的进进出出。所以我过去一定意识到了它。但实际上我没有。我的意思是,为了找到它,我需要故意四下寻找一些我可能没有注意到的东西。我曾经把注意力都集中到了那堵墙上，不是吗？那时我也在观察呼吸吗？它们似乎彼此没有任何联系。好像我只有通过提问才能把它们联系在一起。我问自己"我刚才意识到了什么？"。然后，为了回答这个问题，这两个截然不同的体验线出现了。似乎是我意识到了两件事，但这两件事又似乎是完全独立——相距甚远。

停！想想。这很奇怪。全部从头再做一遍。再做一遍。再做一遍。很多次，我发现了相同的事情。这里总会出现更多的思绪线被发现；但那些我曾经意识到的思绪线，似乎它们彼此之间是毫无关系的。这是最奇怪的事情，尽管现在看起来很明显：每当我问这个问题"我现在意识到了什么？"，这里只会有一个答案——意识到了这个。但当我问"我刚才意识到了什么？"，这里就会有多个答案。

发生了什么事？

我一遍又一遍地练习着。当我走路时，当我在书桌前工作时，当我在花园里挖地时，当我在谈话时，我都会问这个问题。似乎总是发生同样的事情。我正在注意着某事，我正在做的沙拉，铲子上的泥土，我正在听的话语。但然后，当我观察的时候，我可以找到至少一个，而通常是很多个，我可能片刻之前就已经意识到了的事物思绪线，但它们之间似乎又没有相互的联系。

那当时又是谁意识到了它们呢？肯定有这么一个人，因为它们拥有那种已经被人倾听过，被人盯着看，被人感受过、闻过或尝过的品质。那是我吗？但除非同时有几个我(mes)，否则不可能这样。还是说反过来我被分裂了；时光倒流的话，我就可以找到多条回到过去的道路？事情看起来正是如此。思绪线(Threads)这个词很恰当。从任何一点——从任何时候——我都可以回顾并找到这些五花八门的思绪线。它们感觉起来都非常真实。它们感觉就好像我正在听那只画眉的歌声，那车辆的嗡嗡声，远处山上某个地方的敲击声，我身边的猫的呼噜声。但每一种都有其独特的品质。

也许拿一个来仔细分析一下会有帮助。

我挑了一个乌鸦飞过头顶时的尖叫声。是的,我听到了,但事情是这样的。当我突然发现,我刚刚已经听到了这可怕的尖叫声时,我正坐在我的小屋里,看着地板,感受着我的呼吸,觉知到门外的那排植物,以及我和它们之间潮湿的石头。一只乌鸦从头顶上俯冲下来,叫了起来:"哑——哑——"这肯定是半秒钟之前的事了,我之前并没预料到。我没有即刻觉知到它。它花了一点时间来穿透。然后又是"哑——哑——"我知道我已经听到了,但这个知道已经过去了。所以……

难点就在这里。声音发生了,然后半秒之后我变得觉知到它已经发生了。所以我很自然地想问:在乌鸦尖叫的时候,我是否意识到了它?没有。那时我还没有。我知道这一点,是因为我所知道的第一件事是我已经听到了它。尖叫声刚刚已经过去了,然后我才记起了我已经听到过它了。啊!所以这是一个记忆——并不是一件真实的事情。事情真正发生的时候我并没有意识到它;我只是在事后通过回忆才变得意识到了这件事。

这是对的吗?如果我要继续探究下去的话,就必须要能够把我现在真正意识到的东西和那些只有在它们过去了之后我才能记起意识到了的东西区分开来。但我知道我不能。我看得越仔细,就越看不出其中的差别。一开始,这两类看起来明显很不一样,但现在我不确定了。有正确的答案吗?

我必须核实一下。我再试几个例子。我能转投我的心念,然后听到一辆卡车正在上山的隆隆声。在我搜索它之前,我意识到它了吗?啊!这儿有一只虫子正爬在我的胳膊上。我能感受到它已经从我的右肘向上移动了一段时间了。但在我寻找另一个例子之前,我真的意识到它了吗?还是没有?

刚才我一直在听画眉鸟的歌声。此时的我对它投入了更多的注意力,努力聆听它当下的叫声,融入它的啼鸣——最终我沮丧地认识到,歌声需要持续一段时间,至少需要经过几个音符,我才能辨认出它是一首歌,或者这鸟是只画眉。所以是当声音展开时,我就意识到了这首优美歌曲的结构呢,还是只有当我听到足够多的声音、能欣赏它成调的形状时,我才变得意识到它的优美?意识本身是什么时候发生的?这里肯定有答案,不是吗?

无论我是考虑所有那些我能记起的重重思绪线,然后又说不出哪条是我意识到的;还是一次只考虑一条,然后问它是什么时候进入我的意识的,问题都同样糟糕。我简直答不上来。如果我都说不出来,那谁还能说呢?

我喜欢幻想有人能看穿我的大脑,然后告诉我答案;他们可以指着一些在我头里的聪明机器,明确地告诉我声音、触觉或感受何时到达了我的意识,但有这样一个地方吗?当然,科学家们可以把电极放在我的头皮上,观察不同区域的脑电波活动,或者把我放在扫描仪上,观察神经活动随着通过丘脑,到感觉皮层,再到大脑的其他区域而激增。他们也许能告诉我很多关于我的所见所闻、甚至所想所思的东西,但他们不能肯定地说:"是的,这个声音或念头是**有意识**的,而这个没有。"为什么不能呢?因为他们不知道对应的该找什么。所有脑细胞都以非常相似的方式工作,还没有人能找到意识发生的特定地方,或专门相关于意识、而非无意识的特定的过程、事件。

他们会一直去找吗?许多神经科学家都是这么想的,他们正在通过寻找"意识的神经相关物"来找到意识。他们在寻找大脑的某一部分,或某个特定的过程,这个部分或过程与有意识的过程有可靠的关联,而阻挡无意识过程。这是某种意识研究的圣杯。但是如果我不知道哪些景象和声音是我意识到的,哪些不是,我就无法告诉别人我意识到了什么,那么也就没有人可能知道我意识到了什么,所以这整个科学研究的路线一定是被完全误导了。

我要盘点一下。在任何时候,我都可以循着各种思绪线追溯到过去。它们中的每一个似乎都是我已经意识到了一段时间的东西,然而它们中的每一个又似乎只有当我通过提问来寻找它时,才会突然出现在我的意识中。

我不能说我刚才意识到了所有这些,因为它们似乎只有在我寻找它们的时候才会出现。而且回顾过去时,每一个又似乎都与其他完全不连通。我不想说有多个不同的我意识到了它们,因为我认为只有一个我。我不想说直到我把它们拉进我的意识里时我才意识到了它们,因为那样我就必须把当下有意识的体验和有意识想起来的体验区分开来,而我做不到。我卡住了。

我怎样才能走出这个僵局呢?我想,也许麻烦是由我回忆的方式造成的。也许我只是在捏造幻想我刚才一直在听什么。我知道,一旦我抓住了思绪线中的其中一条,它就会看起来非常真实,好像它会一次又一次地向后绵延。也许我应该停止拉扯想象的思绪线,试着抓住整件事——抓住刚才我真正意识到的东西。

是时候再次让心冷静一下了。带上一颗清晰、冷静、广阔的心,然后再看看;静下来,变得平静,然后提出问题:"我刚才意识到了什么?"

我安住下来。无数的事物出现又消失。我什么都注意,又什么都不注意。我什么都不选取;心轻轻地落在这个和那个上,然后又放开。没有什么永恒的东西。事件流。事件来来去去。

现在!

我刚才意识到了什么?

我停下来。我毫无线索。我不知道。我真的不知道。

但如果我不知道还有谁知道呢?

真正可怕的事情就在这里。过去是不存在的。我完全不知道在这之前发生了什么。

哦,是的,我能够抓住思绪线。我能编造出所有那些听力、听觉、感受、触觉的思绪线。但如果我不这么做呢?如果我停下来问"我刚才意识到了什么?"。什么也没有,唯有一片空白。什么也没有。

我太害怕了,不敢直视这片空白。它不是一片黑暗,也不是任何事物的知觉缺失。它只是一无所有。

我敢肯定。是的,我肯定。我会观察的。尽管害怕,我还是要去观察。

然而,这种空白的出现是短暂的。它来是一瞬间的事,然后马上又被冲走了,因为注意被某些新出现的事物紧紧抓住了。我必须再观察一遍。我得到一种一层薄膜的感觉,或难以察觉的边界感,从它们中这个当下的时刻连续不断地出现,但我却抓不住、看不清它。无中生有。这一切怎么会凭空而来呢?

问题三:发问者是谁?

发问者是谁?这是什么意思?这没有意义。哪个问题?当然是这个问题。问题中人是谁?救命!打住。

我的印象是,如果我真的能把自己投入到这个不可能的问题中,那么……然后呢?我不知道。我得重新开始,冷静下来,然后尝试一个更简单的策略。

发问者是谁?是我。我正坐在这里看着屋外湿漉漉的石板。让我反过来研究一下它。是谁在看那块石头?这比较容易。我能看见那块石板在那,平坦而灰暗,高高低低,雨水汇集在它的坑里,到处粘着湿漉漉的树叶。现在,谁正在看这一切?无法回避这石头。它就在那里。还有个无法回避的事实是,我正在从这里往那看。这里有一个视角:一个观察点。如果我从别的地方看,它就会看起来不一样。如果有人从那边看,他们会以不同的方式看到它。从这里看起来它是这样的。所以现在我可以在这里和那里之间画一条线。那边是石板。这边是我。这又是谁?

我观察着。我把视线转向内部,从指向那里的石头到指向这里的正在看石头的东西。什么?我什么都没发现。我抓不住它。我知道这里一定有什么东西。它就是我,不是吗?但无论从哪个角度看,它似乎都逃过了我的视线。我又试了一次,以锲而不舍的凝视的方式,回复到平静。我再问:谁在看?可是依旧一无所获。

我生气了。一定能找到正在看的东西。我继续努力。石板就在那儿。方向和视角都在那里。这一头一定有什么东西正在看。但是我仍然找不到它。谁又正在试图找它呢？这个搜索者和那个看石头的人是同一个我(me)吗？还是……这里有点不对劲。再试一次。坐下来继续看。

世界发生着。它就在这儿。远处的车辆隆隆地行驶着。雨从屋顶滴落到石头上，稳定地"啪嗒、啪嗒"响。植物在那里，它们的倒影在零碎的小水坑中闪闪发光。所有的思绪线似乎都在继续并行着。它们在那里；一如既往地前行。随它们去吧。而在所有这些东西的中心有一片寂静。最终这个问题又突然出现了。发问者是谁？

我不知道。我解决不了。这太难了，我觉得自己又蠢又瞎。

我试着采取另一种策略。

这里就是整个世界，是所有这些思绪线，所有这些东西。谁正在看着它们？这一定是个合情合理的问题，难道不是吗？毕竟，此刻这里有那么多的体验，所以一定有人正在体验着它们，不是吗？事情似乎就是这样。所以我要做的就是让这些体验顺其自然，然后提出问题。谁正在体验它们？也许这里的我与"发问者是谁？"里的我是同一个？那我就知道了。

我观察着。这里就是所有这些东西。它似乎就在某个地方，而我似乎就在这里向外看着这一切。让我们暂时忘掉声音，专注于视觉；我试着解决这个问题。我坐在这里，望着外面的花园，花园里有花草树木，还有车库的屋顶和远处的建筑物。现在，如果它们在外面，而我在这里，那么它们和我之间一定有一个边界，或者边缘，或者分界线。如果我正好能找到这条边，那我就能由从内往外看翻转到从外往里看了。

那么在那里的外部世界和在这里的我之间的边界在哪里呢？我看到一绺头发，挂在我和它之间。这就是边吗？我是在不超过头发的地方体验着另一边的东西吗？不。这很蠢。我必须更努力、更细致。让我们再从石板开始。它在那里。现在我想逐渐向内，直到我找到边缘，然后翻过来，从看那里的外部世界翻转到看这里的我。对。开始。

石头上有水坑、泥土、树叶和倒影。这里，离我的小屋更近一点的，是小屋的台阶和木地板。它与我脚边的地毯融为一体，奇怪的是，它也与我自己的腿融为一体。我知道这些腿属于我的身体，但我仍然从这里看着它们。所以它们仍然在"我"之外被我看到。继续，仔细地。再近一点，现在就有点模样了,我瞥了一眼我交叉的双手,和脖子上那件乱七八糟的羊毛套头衫。继续靠近。这就是所有了吗?隐约可见的鼻尖边缘和那绺头发。一定是这个了。在(鼻尖)边缘和头发之后接下来是什么?我们开始吧……

有了!在这里!从那里往里看是……又是花园。该死的。这里又是石头、地板、雨水和植物。我可以绕一圈又一圈,从外面那里的视野中间开始,小心翼翼地朝中心的自己靠拢,但在那里,我只看到同样的老景色,然后又一切重头再来。这是怎么发生的?我在寻找那个正在观看的我,却只找到了这个世界。

这是一套很熟悉的技巧,但很容易被遗忘。寻找正在观察的自己,却只找到了风景。似乎我就是我所看到的世界。

我记得很多年前,我第一次遇到这种情况,当时我和一群佛教徒在我家附近的门迪普丘陵(Mendip hills)上散步。一位朋友开始谈论道格拉斯·哈丁(Douglas Harding)的《论无头》(*On Having No Head*)一书,他惊讶地发现我从未听说过这本书,于是把书中的观点介绍给我。

我们面临旷野而立,视线穿过树木繁茂的山谷,跨越满是羊群的土地,眺望远山。

"指一下那座山,"他说:"把注意力集中到你所看到的地方。"我指了指,然后集中注意力。"现在指近一点,指着你的脚,"他说,"再把注意力集中到你所看到的东西上。"我指了指,然后集中注意力。"指着你的肚子,"他说,"把注意力集中到你所看到的东西上。"我指了指,然后集中注意力。"移到你的胸部,"他说,"把注意力集中到你所看到的东西上。"我指了指,然后集中注意力。"现在指着你两眼中间。"他说。我指了指,然后……

不。我尖叫。什么?咦?我看到手指指着……

我没了头。我的身体还好好的,看得见它的脚、腿、肚子、胸,然后呢?我当然知道我有头。我可以摸到它并在镜子里看到它,但我从来没有注意到我自己不能直接看到它;在我的一生中,我一直四处游走却没有一个看得见的头。我开心地笑了。在这个无头躯体的上面,似乎有整个世界,朋友、草、树和山。我失去了头却获得了世界。我猜它一直是这样。以前从未注意到这一点,真奇怪。

你有过这样的一次经历之后,这种"无头式"的技能还是很容易丢失的,我恐怕不仅仅是再次丢失了它。我甚至不知道如何练习,虽然我智力上是记得它的,但我还是会让新的视线溜走。后来,多年之后,有个类似的景象又出现了,尽管现在是以一种完全不同的方式出现。

那是一个可爱的春日,我和我的搭档亚当(Adam)到花园里去坐"黎明禅"(morning meditation)①。我们坐下来,静静地看着草坪,面对着一个大花坛,上面开满了粉蓝色的勿忘我,点缀着黄色和白色的小斑点。我开放地注意着我所能看到和听到的一切事物,在我肩膀上方的空间里,我发现没有头,只有勿忘我。我寻到那个正在看着勿忘我的自己,然后单纯地成为它们。这很简单,也很明显。

不明显的是如何将这种视角带入生活的其余部分中去。恐怕我在这方面太弱了。尽管如此,我还是开始练习以这种方式看一切。所有出现的东西就是我的头应该在的位置,就是我现在所是的东西。视角来自窗,那么我就是这个窗。视角来自这张桌子和电脑,那么我就是那个。这张桌子是准备吃饭的,那么我就是那个。有些情况很容易;有些不容易。安静地坐在家里是容易的,到城里去就不容易了。

最难的是对着其他人。有个愚蠢的混蛋在路中间掉头,就在我的自行车前面。我很生气,想大喊一声:"你这个白痴——你以为你在干什么?你差点把我撞倒!"那个白痴可以成为我吗?是的。当然可以。如果我停下来,冷静下来,寻找那个正看着他的我,我会发现只有他、他的车,还有路。我若寻找那个向他发怒的我,我会发现只有翻腾的怒气。

---

① 四时坐禅。

我所体验到的一切都是如此；没有两个分裂的我，也没有两个分裂的体验。很难接受我就是所有那些走在街上的人；至少在这转瞬即逝的短暂时刻，我就是那个戴着面纱的穆斯林妇女，那个拿着冰淇淋的讨厌孩子，那群咯咯笑的女学生。然而，不知何故，这种看待人事的方式更容易让人变得友善。

但那都是很久以前的事了，我又在逃避这个问题了。

发问者是谁？这仍然太难了。这一步是看到了知觉着的自己就是被知觉的世界，但要直视这个不可能的、自指的、愚笨的问题则要困难得多：发问者是谁？

发问。发问？这是一种活动。或许我可以通过其他行动来慢慢接近它。毕竟，当我想到自己的时候，我想到的是一个作为行动者的自己；我是一个行动的人；我是那个决定做事情然后去做的人。当我洗碗的时候，有一个我在干这个活。当我工作的时候，有一个我在出力。也许我可以看看这个"我"，然后找出是谁正在问这个问题。

碰巧今天我正在擦亮一套铜铃，从一个丁当作响的小手铃到一个大型消防车的警铃。我喜欢在一整天的禅修之余干点活：一些能刺激肌肉、让我保持清醒的体力活。我本来会去除草或者挖土，但是今天下了一整天的大雨，所以我开始做擦铃的工作。伴着那特有的气味和我手上讨厌的粗糙感觉，从一个熟悉的锡罐里，找蘸了一些巴素（Brasso），用这块布来擦拭黄铜。我紧紧地抓住这团脏纤维，在铜铃表面稳稳地擦洗，上上下下，上上下下，上上下下。我看到手臂在我前面，不知从哪里冒出来。是谁正在擦亮铜铃？

我想起了中国禅宗六祖惠能和他那著名的"偈子"——这是我最喜欢的禅宗故事之一。当惠能还是一个位阶较低的僧人时，曾连续数月在厨房里舂米。后来寺院的方丈——也就是年事已高的五祖——发起了一场选拔，目的是要找到那个可以继承祖师名位，成为六祖的僧人。这就意味着：无论是谁,只要能写出对"真心"理解最深刻的"偈子",就会得到象征祖师名位的衣钵。

神秀是首座和尚,并且每个人都认为他定能承袭衣钵。神秀的偈子如下:

> 身是菩提树,
> 心是明镜台。
> 时时勤拂拭,
> 勿使惹尘埃。

五祖看了之后,明了神秀的偈子没有表现出"真见"(true insight)。然而,弘忍还是让其他和尚诵记神秀所写的偈子。而此时的惠能既不会读书也不会写字,只是当他听到其他和尚在吟诵神秀偈子时,给出了自己的回应,并说服别人(帮忙)将自己的偈子写在寺院墙壁上:

> 菩提本无树,
> 明镜亦非台。
> 本来无一物,
> 何处惹尘埃。

五祖立刻明白了惠能想要表达的意思。五祖知道其他和尚会嫉妒他,就在晚上召见惠能,偷偷把祖师衣钵传给了惠能,并叫他赶快逃走。

我那闪亮的铜铃现在全部都焕然一新了。这就像心灵吗?被擦亮和抛光吗?擦拭者是谁?

手臂还在原处。它们上下移动,黄铜一会儿呈现,一会儿又消失。关于远处车辆的思绪线自行展开着。在背景中,锅炉嗡嗡作响,光线正从窗户射进来。我沿着手臂向上看。我有一种可怕的怀疑,我知道我会找到什么。确实。手臂正好在顶部淡出视线。再往上什么都没有。手臂正在擦拭着黄铜,手臂从虚无中冒出来。没有地方可以让灰尘落下来。

擦拭者是谁?是谁在问"擦拭者是谁?"?

继续擦。继续问。

是时候放下铃铛,重新开始禅修了。我又坐了下来,呼出了一口气;在寒冷潮湿的空气中,热气随着呼吸进进出出。它来自哪里?绝对无处可来。这里有一个巨大的空白,我以为这就是我的内在。呼吸只是出现,然后又消散在空气中,然后又再次不知从哪里冒出来。我之前怎么会没有注意到这巨大的虚无呢?它无处不在,还显然一直在这里。谁知道呢。我想,最好还是坐着不动。毕竟,我打算做的事情不用去任何地方就能开干。我打算问这个问题:"发问者是谁?"

太难了。我不知道。

嗯?

谁……?

问题四:它在何处?

它在何处?"何处"是什么意思?

我必须从某个地方开始,那就从此时此地我眼前的事物开始吧。这是冬天,我的小屋里,在我正前方有三枝嫩黄色的迎春花。我的目光落在它们身上,很温柔。它们在那里:黄色、明亮、清澈。

那这黄色的迎春花在哪里呢?坐。看。我平静地凝视着那些花。

我有一种感觉,这个问题要比它乍看之下更为棘手。在我看来,很明显的是,这些花就在这里,在我面前,它们看上去就在那里,但我感觉有些不对劲。我必须进一步探索。事实上,似乎有两种明显的回答,而这两种我都将尝试一下——这些花就在我面前,它们看上去就在那里,或者它们在我的脑海里。

一次一种回答,我要试一试。

那些黄色的花就在那里,它们看上去就在我面前两英尺的地方,这种想法有什么错呢?

现在我想起来了,实际上错误很多。几个世纪以来,哲学家们一直在争论体验的位置——它们是在创造它们的脑中,还是在它们看上去所在的外部世界中,还是像笛卡尔所认为的那样,不在于任何位置上? 心理学家马克斯·威尔曼斯(Max Velmans)在这个问题上建立了他那一整套的"反身一元论"(reflexive monism)理论。他声称意识的内容不唯独存在于大脑中,也存在于被知觉到的物质世界中。

这里有很多问题。我非常静地坐在那儿,花就在我面前,我要努力解决这些问题。

我意识到,我已经把花当作了某种外在对象,好像它是独立于我的体验之外的。但问题是"它在何处?",这个"它"就是我对花的体验。我从这里看到它们,从这里它们以一种特殊的方式显现。这片花瓣和那片花瓣重叠在一起,这些茎秆互相交错,形成令人赏心悦目的图案;整个形状就是这样。我知道如果我移动它们就会表现出不同的效果。其他人会从不同的角度看它们。问题是,我想象了一个抽象的三维空间,把这些真实的花放在了它们的位置上。这没什么不对的。如果我想测量它们,或者把它们画出来,我可以用这个抽象的结构来计算出整个复杂集合中每个点的坐标。但这种抽象还不足以成为"它"。"它"就是我现在对花的体验。问题是,"'它'在何处?"

处理颜色怎么样? 这可能会比较简单。这种美妙的、明亮的、特别的、只有迎春花才会有的黄色,就在我面前。这种黄色在哪里?

我冷静下来,随它去,观。黄色是不稳定的。我越想抓住它现在的样子,它看起来就越不稳定。但它仍然在那里,一直是黄色的。或许我太刻意努力了,会把黄色赶走。

坐下来,随它去吧,直到我准备好重新开始。

明亮而清晰的黄色,依然在这里。

我有两套显而易见的答案。第一个是黄色在外面,在花瓣上,就在它看上去所在的地方。这是一个没有希望的答案。我知道这就是问题所在。黄色根本不是真的在花上,因为只有当特定的视觉系统看到它时,它才会呈现出黄色。

例如,如果现在有一只蜜蜂飞过那朵花,它不会像我一样把它知觉为黄色。蜜蜂的视觉系统跟我们的很不一样,它们的复眼是由很多小眼睛组成的,而不是只有两只带晶状体的大眼睛。虽然蜜蜂看不到一些我们可以看到的红色,但它们比我们能看到更远的紫外线。所有这些都是演化而来的,因为许多花都是由蜜蜂授粉的。在数百万年的时间里,对蜜蜂有吸引力的花比没有吸引力的花授粉效果更好,产生的后代也更多;能够更好地识别颜色的蜜蜂能从花朵中获得更多的花蜜,从而产生更多能够识别这些颜色的后代。因此昆虫的视觉系统和花朵的颜色一起演化。花瓣上可能有我看不见而蜜蜂能看到的引导标记,因为它们只能在紫外线下可见。那么,黄色并不在它看上去所在的地方,即不在我那美丽的花瓣上。这需要我、我独特的眼睛、我独特的大脑,还有花,才能共同造就这种黄色。

嗯。我们试试另一种策略。黄色在我的脑中。

对此我也了解一些,但我觉得这没什么用。当我看到一朵黄色的花时,我眼睛后部的颜色感受器开始发射电子脉冲,并沿着视神经向我的大脑发送信号。因为花是黄色的,一些神经细胞比其他细胞容易放电,这些信息被传递到大脑皮层后部的视觉区域。在所谓的 V1、V2、V4 等区域中,某些特定神经细胞群的活跃程度更高,而其他神经细胞群的活跃程度更低。如果我看到一朵紫色的花,激活的比例就会相应地反转。因此,如果神经科学家能够对我的大脑进行足够详细的研究,他们可能就能分辨出我在看的是哪种颜色。

但这种神经活动是黄色本身吗？这怎么可能呢？每个神经元的放电都非常相似。细胞膜中的通道打开和关闭；钠离子和钙离子进进出出，去极化波沿着纤维流动。所有神经元的工作方式都大同小异，虽然它们以如此难以置信的复杂模式连接在一起。那么，专门发送黄色（信号）的细胞又在哪里呢？

我们还没有一个能令人满意的意识科学，这并不奇怪。我们对大脑工作原理的描述正在迅速提高，但黄色的体验似乎被遗漏在了这项工作之外。有些事严重错误了。但是是什么出错了呢？

我被困住了。黄色。它是如此的……黄色。事情就是这样，但，"它在何处？"

到休息时间了。我僵硬地站起来，扭动我的双腿，穿上我的防水衣，开始绕着花园跑。沿着小路上上下下，上下台阶到车库，绕着菜地转了一圈又一圈。我没有抬头看，而是注视着我面前的地面，以免打断我的禅修。灰色的石头和绿色的草在我奔跑时模糊地掠过。

我感到我正在形成一个笑容，虽然我不知道到底是喜悦还是绝望。色彩是一种典型的哲学家所说的感受质；那些所谓的基本的、私人的、难以描述的原始感觉构成了我们的全部体验；主观体验的"是什么样的感觉"；疼痛的难受或红色的红性。这正是意识科学所要解释的；即大脑的客观运作如何产生这些感受质？

哲学家保罗·丘奇兰德（Paul Churchland）确信红色的红性仅仅只是我们大脑中的某种放电模式。他说，就像如今大多数人乐于接受光就是电磁波一样，所以未来人们也乐于接受他们对于红色的体验就是一种特定的脑活动。另一些人则认为我们需要一场科学革命来解释感受质，比如在脑细胞的微小部分里进行量子计算，尽管我无法想象这有什么帮助。更激进的是，丹·丹尼特完全拒绝"感受质"这个概念，同样也拒绝"实际的现象学"

(actual phenomenology)(即当下是什么感觉)。他说,没有这些东西。根本就不存在什么纯粹的、基本的、私人的原始感受需要去解释。

真的不存在像这样的感觉一样的东西吗?

好吧,是吗?我慢下来,缓缓走过草坪。它是绿色的。什么是绿色的绿性?这就像……嗯……

再次安定下来。在我的小屋里,我慢慢地,慢慢地点燃一炷香,专注地,小心地移动着。静下来再观察。雨渐渐停了,黄色的花开在原处。

这里有一些很明显的东西。我开始把那些可爱的黄花同周围的一切分离开来。我完全丢掉了"它"。"它"就是全部,是整个体验,就是"这个"。

四周是小屋和花园;在城市的另一边,汽车嗡嗡作响,远处传来警报声,还有机器的轰鸣声。这一切来了又去,高低起伏。花就在这一切中间。所以,它在何处呢?我跑过那条熟悉的路。我的目光温柔地落在花朵上,我的思绪在它们和我之间的空间里穿梭。那里是台阶,那里是地板,那里是我的膝盖——现在变得越来越模糊了——那里是地毯,我的手几乎看不见——融入……什么?就在我认为我应该在的地方,这里有黄色的花。它们又在这了。那我呢?只剩一种无名的空白,填满了黄色的花。

一片花瓣落下。

现在是晚上,小屋里,一支蜡烛在我身后的某个地方噼啪作响。

我抬头。

大多数事情我在禅修的时候都会忽略,但是我需要知道蜡烛会不会把这个地方烧掉。我抬头看我的前面。我看到蜡烛的影子在窗户上,有一点噼啪声,前后闪烁。挂在玻璃球上的蜡烛有两支。我看到它们在窗户里的倒影,一个在正前方,一个在后方;一个在两扇窗户上反射了两次,另一个反射了三次,另一个(我搞不清是哪一个了)反射了五到十次,以一条逐渐缩小的流延伸出去。它们在哪?它们在前面还是在后面?我看到蜡烛了吗?看到它们的倒影了吗?还是镜子里的影像?投射到远处空间的影像?它在何处？

我不知道。一排排的光穿过我，或者穿过我曾经认为是我的地方，或者穿过我曾经认为一定是我坐在那的地方。它在何处？

有很多事情是同时发生的，或者单独发生，或者是在多条思绪线中发生。雨点以一种稳定的节奏敲打在屋檐上，奇怪的水滴响亮地落在某个东西上，以某种方式与雨水分离。哦，还有那持续不断的交通噪音，似乎有某个人一直在听着。一只迟到的鸟还在某个地方唧唧叫，四周是小屋的空间，清晰可见的席子，湿冷的空气。它在何处？

突然一架飞机在头顶上呼啸而过；发出一种咆哮的、响亮的、持续不断的、猛烈的噪音。我能在脑海中看到：它是巨大的，有巨大的金属翅膀。引擎会喷出热气和蒸汽的尾迹。里面一排排的座位上坐着人，有乘务员、飞行员、地毯，还有……

很久以前，有一次，我有一个与飞机相关的奇怪经历。大约20年前，某次在威尔士闭关时，我们被告知要出去一段时间，坐在山坡上。我们看着前面的地面大约20分钟，然后抬头看山谷、树木或那里的任何东西。我大约坐了20分钟。我抬头一看，就在那时，一架飞机在头顶呼啸而过。我在自己的内心之眼（mind's eye）中看到了飞机。我看到了一排排的座位、乘客和飞机餐的托盘，不由自主地想象着他们从头顶经过。太吵了。那声音大得吓人。

突然我意识到我错了。那声音实际上是一架军用飞机发出的；他们经常在威尔士山区里演练。所以这和我想象的完全不一样。所以那时我听到了什么？我不知道。我不知道我是否听到了一架飞机，那架飞机还是任何一架飞机。有一声非常响、震耳欲聋的巨响。我的全身因这刺耳的噪音而颤抖。但那是什么？我在哪里？

整个世界崩裂了，飞机、树木、山谷，我坐着的垫子，还有我自己也随之崩裂了。即使在那个时候，我也知道，只需要继续坐着。后来我又下山和其他人一起喝茶。他们在那里。当我经过他们或他们经过我身边时，我像往常一样向下凝视，看到了他们的脚。他们是透明的。他们是幽灵。在那又不在那。幽灵也是如此。

经过这么多年以后,我坐在我的小屋里。这样的事再也没有发生过。也许永远不会再发生了。但飞机经过了。它们在天上吗?这巨大的轰鸣声,它在何处?

我的探究并没有取得什么进展。我静下心来观察和提问。它在何处?是这个它吗?我意识到我搞不清楚自己在说什么。因为我一开始就省略了最简单的问题。哪个"它"是我应该问的?有"这个它",现在又有"这个它"。所有这些思绪线都在以它们各自的方式继续展开,似乎在向后延伸到某个不确定的过去。有人一直在观察呼吸——缓慢而平稳,看得见的呼气不知从哪里冒出来,又消失在看不见的空气中。有人听到树上画眉的叫声,现在叫了一声,现在又叫了一声。是这只鸟还是那只?吸气和呼气。这是哪个它?它在何处?

问题五:念头是如何产生的?

这个问题不是我自己给自己设的,它是1993年3月在曼威德的一次闭关中抓住我的问题。问题本身被嵌在一系列问题中,而这些问题又被包含在更长的训练里。虽然我跟这些问题斗争过,但我很喜欢这些问题,在后来的多次正式闭关中,在曼威德的一次单独闭关中,以及最后2007年冬天在我家花园的小屋里,我都尝试过回答这个问题。我在这里描述的只是我对这个问题的第一次(距今15年前)和最后一次尝试。

这次闭关不是约翰通常所谓的西方禅或中国禅宗闭关,而是为了让行者体验一种不同的方法。这场五天有组织的禅修是根据一位喇嘛编写的笔记本所编排的,这是几年前约翰自己从印度带回来的。

发现这本笔记本的故事本身就非同寻常。1981年,约翰和一个年轻的人类学专业学生在喜马拉雅山旅行,为他们研究拉达克(Ladakh)的社会史寻找资料。有一天,他们遇到了一位名叫坎塔格仁波切(Khamtag Rimpoche)的喇嘛,这位西藏贫民邀请他们和他一起喝啤酒,并就他们来这里的原因和他们的禅修练习情况进行了仔细的询问。当他们要离开的时候,他告诉他们,他在山里有一个小寺院没人住,非常欢迎他们俩去那里。然而当他离开时,并没说如何找到那个地方。

约翰对这个人印象深刻,感觉自己是在"一个熟悉的人"面前,所以决心再次找到他。因此,那年夏天晚些时候,他开始寻找那个地方,这段旅程本身就变成了一段朝圣之旅。最后,一位比丘尼带着他和他的年轻同伴爬上了一座偏远的山,攀上干涸的瀑布,穿过一条只有几英尺宽的400英尺长的石灰岩裂缝,终于来到了一片被白雪覆盖的广阔牧场。在这片牧场的中央,坐落着一座废弃的小寺院。他们没有立即离开,而是等待着,等待着。几天之后,仁波切突然来了,把他请了进去,请他们吃了一顿丰盛的饭,有当地的青稞酒(相当于一种本地啤酒)和亚力酒(一种烈酒)。随着醉人的夜晚渐渐过去,仁波切透露了很多他过去的修行和成就,最后拿出了一本破旧的笔记本——这是他的师父蒂潘·帕德玛·乔加尔(Tipun Padma Chogyal)仅有的三本《大手印导论》(*Mahamudra Instructions*)复印本中的一本。他让来访者把整本书拍下来,带回西方去。

这是一个相当大的责任。传统上,这类文本是保密的。然而这位喇嘛知道旧的传统正在受到挑战,或许约翰能保存文本。到了早晨,酒喝干了,他仍然坚持着,于是约翰就拍下了笔记本,把它翻译过来,对它进行了几次修订之后,最终把它出版了。

闭关的第一天,我们都围坐在大厅的坐垫上,约翰给我们讲了这个故事,并交托我们几页蒂潘的笔记本(Tipun's notebook)的影印件。但是我们还没有读。首先,我们必须让心静下来。

第一天很讨厌。早上5点30分,就有人敲响两块木头,这通常是曼威德的起床信号,我们必须在十分钟内穿好衣服到外面去。就在农场的院子里,在黑暗中,约翰领着我们做了几项剧烈的体育锻炼,给了我们一些关于这一天的简单指令,然后在第一次长时间的静坐开始之前,打发我们去喝茶。

天气很冷,我很困,我不喜欢连续几个小时一动不动地坐着。随着静心练习的进行,我在想我究竟为什么要来。我的思绪飘向了幻想,胡思乱想,想着离下顿饭还有多久;当我进入微睡眠状态时,我感到我的头震动了一下,一阵强烈的幻觉袭击了我。然后我猛地把自己拉醒,对自己的昏沉感到愤怒。伟大的禅修!但我挺了过来。

第二天就完全不同了。我抓住每一个能睡觉的机会补个觉,即使是几分钟也好,开始感觉好一些了。在泥泞的院子里,清晨的黑暗中,约翰给了我们一个奇怪的指令:"看看是什么束缚了你当下的体验。"我惊讶地发现,一些相当复杂的念头并没有束缚我的体验。例如想到下一次休息,为什么我要来,甚至是性,这些念头一旦我注意到了它们,就很容易放下。另一方面,有些念头却确实束缚了我当下的体验:诸如我对自己的想法,别人对我的看法,我打算弥补过去一些轻罪的计划,想象和人对话时如何给人留下深刻印象。它们在我脑海中转了一圈又一圈,喋喋不休,甚至有旋律在我的脑海里回荡。多么愚蠢。然而,看着它们来来去去,一个小时又一个小时,似乎确实能让心平静下来。混乱和自我批评的洪流稍稍减缓了速度。

第二天晚些时候,约翰给了我们第一个问题。他慢慢地读着蒂潘的笔记本:

> 要想观察安住的心(处在宁静中)和流转的心(带着念头)的根源,有必要研究以下几个问题:
> 当安住在宁静里时,这种安住的本质是什么?
> 维持它的方法是什么?
> 念头流转是如何从宁静中产生的?
> 安住在宁静中和流转在念头间有本质的区别吗?

我以前从未做过这样的事。这些问题太奇怪了。但我喜欢做一些具体的事情，而不是约翰通常那种"让你的心光明30分钟"之类的禅语指令。于是，我开始观察这种宁静和念头的流动。问题是，后者要比前者多得多。

我坚持下去。一个小时又一个小时过去了。现在我开始注意到间隙。这就是念头之间的宁静吗？我是否要安住在它之上？如果这样的话，这种安住的本质是什么？

它似乎意味着安住在一个充满变化的景象和声音的世界里，它们来来去去，然而没有东西是真正运动的。于是在念头中流转变得有意义了。通过注意到鸟儿唱歌、注意到我前面的地板或注意到这两者之间的寂静，宁静本身得以维持。

我想起了一个著名的禅故事：有人请禅师一休写一些关于"摩诃般若"（大智慧）的话。一休写下"专注"（attention）。这个人不满意，求大师再多写些，于是一休写下了"专注、专注"。他仍然不满足，要求再多写些，一休写下了"专注、专注、专注"。

然而，这似乎是一种相当特殊的"专注"；比如平等地注意每件事而不做任何选择。至于在宁静中产生的念头，那就更难了。它们冒出来都很顺溜，但我看不清它们是从哪儿来的。于是我坐下来，看着，这些念头显然不知从哪冒出来，不断重复的念头，由我周围的声音引发的念头，由人们咳嗽或打喷嚏引发的念头，以及恼人的"我做得不好吗？"紧跟着"不，我没有。噢，停下来！集中注意力！"这一系列恼人的念头。尽管我经历了种种失败，然而这项任务却使念头变成一种被观察的对象，而不是被批判的对象。我开始把念头看作是一面，把安住在宁静中看作是另一面。于是我有了答案！它们是一样的。

有人拍了拍我的肩膀。轮到我了。我的心跳加快了。我站起来，向坐垫鞠了一躬，悄悄离开了禅堂。

许多佛教徒闭关的一个传统是与大师的面谈；要么是遵循既定规则的

正式面谈,要么是像普通谈话的非正式面谈。这是一次非正式的面谈。我爬上吱吱作响的楼梯,来到房子后面的卧室前,褪色的印度窗帘挂在门上,弯腰进去,发现约翰正坐在那里,穿着他的法师长袍,面对着一把空椅子。我鞠了一躬,在空椅子上坐了下来,脱口而出"我觉得闭关太难了"。他善意地建议说,我讲的那些关于疲劳和幻觉的故事可能包含了一点自怨自艾,并建议我如何去克服它们。然后我告诉他我对这个问题的答案。

"是的,"他说,"这是经典大手印式的回答。不过,还是有区别的。你知道那是什么吗?"我不知道。我说我会试着想想那是什么。"现在不行,"他说,"我只是以为你也许已经注意到了。"我感到了泄气。但我回去继续训练,决心要找出答案。

那天晚上,我进入梦乡时非常警觉。仿佛某个东西观察到了另一个东西进入了梦乡。早上五点半的时候,某个东西又听到了木板啪啪的打板声,它似乎一直都醒着,但神清气爽。我很快地站了起来,冲进雨里。

整整一天,我都盯着那颗流动的心和那颗平静的心,除了一个是静的另一个是动的之外,我不知道它们有什么不同。啊,但是什么在动呢?这个问题可能会有所帮助。我认为是自我(self)。当然了。是的。是自我在动。我想冲回约翰身边,自豪地告诉他我有了答案。但那天没有面谈。我可以把自己的名字写在第二天的名单上,但我感到很尴尬,因为我是第一个这么做的人。于是我开始探索每一个变化,看看我的假设是否成立。然后不知怎么的我就生气了。我不知道为什么,也不知道怎么了,但我似乎就对每个人和每件事都很生气:对那些制造太多噪音的人,对那些我们在禅修期间不得不做的愚蠢念诵和观想,对寒冷,对坐在那里如此淡定的约翰,对睡眠的缺乏,对我自己。

我气自己的生气,也气自己无法继续完成这项任务。一切都显得模糊而不真实。我不想待在那里了。我不想变成这样。

奇怪的是,一种藏传观想方法驱散了愤怒。我们必须想象一系列极其复杂的动作,包括变成一个拥有四只手臂的生物;手臂代表着空性、爱、众生和慈悲。

我顺从地按照指令去做,尽管我一直认为这些复杂的习俗相当愚蠢。

然而,不知何故,这种做法削弱了所有的愤怒,并将其一扫而空。在佛教中,经常强调慈悲(compassion)和观力(insight)必须同时存在,尽管我在这里写的几乎都是关于观力的,但这种练习也和其他练习一样向我展示了两者平衡的重要性。愤怒似乎无法在慈悲中存活。

练习结束后,我去了房子后面的厕所。它有粗糙的木墙,散发着刺鼻的木馏油味,门上挂着破花窗帘。就在那里,我静静地盯着那堵用木馏油处理过的墙,想象着无数受苦的众生,愤怒就这样烟消云散了。所有众生都是一样的,你不可能对所有众生都生气。我不能对那个一直打喷嚏的女人生气,打喷嚏只是一种噪音。奇怪的是,把人看得不那么像人而更像幽灵,会让人更容易产生同情心。

这种清晰感很快就消失了,我又开始担心面谈了,担心我对这个问题的回答,以及约翰会说些什么。我终于把自己的名字列在了名单上,并迫不及待地等待着时间的到来。但是现在约翰从笔记本中挑了一个新问题给我们。我们必须探究:观察安住和流转状态的觉知和这些状态本身是否相同?他说(也许是为了鼓励),这是在为了把每样东西都看成"一味"(one taste)而做准备,最终进入"无禅"(non-meditation)状态。

什么?所有东西都是"一味",这个观点似乎有点令人厌恶——尽管他将其描述为"空性的清新之味"。差异和对比能让生活变得有价值。那么"无禅"呢?如果这就是我们的目标,那么为什么我们要花这么多年的时间来学习禅修呢?

不过我本来要问的是观察者。我就是观察的觉知吗?逻辑在这里没有用。所以我坐在那里观。随着我的观察,我开始对这个创立大手印的人深感敬佩。当我上床睡觉时,我认识到我甚至不担心自己做得好不好,我只是渴望更多的禅修。这很奇怪,因为以前我总是把那些敏锐的禅修者视为与我完全不同的物种。但我对这个新问题深感困惑,想继续练习。

第二天的黎明明亮而晴朗。我们在外面进行了一次禅修练习,眺望着宽阔的山谷,那里有无边无际的石楠丛和咩咩叫的羊群。一股深沉的宁静捕获了我。我的面谈时间到了,我发现自己说不需要了。现在一切似乎都一样了。我认识到,不管约翰说我是对的(在这种情况下,我本来会产生"很好很好,我真聪明"的念头)还是错的(在这种情况下,我本来会产生"哦,不,我是个失败者,我真蠢"的念头)都无关紧要了。他的问题在下一个问题中消融了。

我坐在一棵被风吹过的矮小山楂树下,穿着三件衬衫、两件毛衣、两件外套,还盖了一条毯子,一切都是一味,没有什么可做的。其他人散布在小山周围。约翰在他的房间门口。小轿车静静地驶下山谷走远了,云朵飘过广阔的天空。结束铃声一响,我就打开毯子,穿过鲜艳茂盛的野草,选择道路走下山去,回到了禅堂。

我回到我的花园小屋。从第一次大手印闭关到现在已经14年了;10年前,我独自一人在威尔士山区的农舍里度过了一个星期,现在我通过蒂潘提出的一系列问题,再一次按我的方式开始练习——每天早上只读一两个问题,然后花一整天的时间来研究它们。

现在是一月。有风。潮湿。

我把多年前的那本破烂不堪的旧影印本小心翼翼地放在我的坐垫前,读着那些熟悉的字句:

通过观察安住和流转(两者)的根源,观禅(insight meditation)才能得以建立,而后才能在禅修中体验无功用道(non-elaboration)。

要想观察安住的心(处在宁静中)和流转的心(带着念头)的根源,有必要研究以下几个问题:

当安住在宁静里时,这种安住的本质是什么?

维持它的方法是什么?

念头流转是如何从宁静中产生的?

安住在宁静中和流转在念头间有本质的区别吗?

我从第一个问题开始。"当安住在宁静里时……"哈哈,这完全是个骗局,我都想过多少次了,这些问题唯一的目的就是诱使你平静下来。答案并不重要。但也许这也不错。

我坐着。风吹着。雨停了一会儿,一只猫悄悄溜了进来,在我旁边睡了一个小时。风太大,鸟儿不能飞。

今天是第四天了。前三天我一直在努力练习,但今天不太好。夜里有一场可怕的暴风雨。撞击声把我惊醒了许多次。我又累又困。我不知道念头是如何造成昏沉的烟幕的,但事实已成如此,它们之间似乎没有间隙,没有能让人向里窥视的空间,甚至没有寻找宁静的空间。

我和昏沉坐在一起。我不生气。我接受这种恼怒。几年前,我可能会对自己的心大发雷霆,但现在我知道,昏沉要么会消散,要么不会。我想解决那个问题,但如果我不能消散昏沉,我就回答不了。我坐着。

我休息了一下,在车库旁边的台阶上跑上跑下,这是一种简单的取暖方式;十次上上下下,然后绕着苹果树一圈又坐回来。下一段练习时间过去后,我又跑到外面。这一次,我劈了一些木头来取火,累得发热,潮湿的树叶在狂风中从我身边吹过。我回到小屋,慢慢地点燃了一些香。

很明显。此处有宁静。这份宁静是从哪来的?

保持冷静,然后问自己:"安住的本质是什么?"

我坐了一会儿。我想大概是这样的:注意力是稳定的——或者至少它只是轻微地从这个向那个倾斜。一些东西——我周围的空间,我眼前的地面——保持着稳定。树叶从我门前刮过,粘在小水坑上,然后它们自己挣脱出来,又被刮走;后面的篱笆突然猛地翻转,撞在一棵树上。但我一想到它们,赤裸的注意力(bare attention)就会消失。一旦它们变成树叶和篱笆,注意力就都被集中到了物体上,宁静就消失了。所以我不再问了,继续练习。我看着、听着、感受着,却什么也说不出来。

就这样继续。事情发生着。

如何保持宁静?通过专注。但这种专注并不能带来细节,也不能把注意力集中到一件事上。事实上恰恰相反,要把注意力平等地放在每一件事上。

这里有个问题:什么是每一件事?一让我想每件事,我就只会想到某件特定的事;然后它有事物属性和部分,在这种尝试中,注意到每件事的感觉就消失了。

我做了几次平稳的呼吸,并集中注意力到呼吸上。它就变得更容易了。有点稳定了。

准备好了吗?好了——念头是如何在宁静中产生的?

这看上去很简单。我平静地、警觉地、全神贯注地坐在那里。一切都稳定而平衡。简单而自然。当一个念头出现时,我将能看到它的到来,我确信我能回答这个问题。

我继续坐着。事情发生着,集中注意力。

哎呦,什么?令我惊讶的是,我发现我正在思考着一条长长的思绪线:鸟食平台是如何被风吹倒,是现在把它捡起来更好呢,还是以防万一把它留到风停了以后再去捡更好……某人一直在想着这些,而我却没注意到!谁没注意到?问这个问题的人?她是谁?

哦,亲爱的。停下来,重新开始。你知道会发生这种事。你知道念头就是那样。但我想看看它们从哪里来,如何在宁静中产生。这一连串的念头大概是由鸟叫声或一阵风引起的,但我一直在观察着啊,不是吗?我怎么能这么长时间没有注意到这些念头呢?

我想到了并行的思绪线。一条是某人安住在宁静中,等着一个念头出现,好让她看到它是怎么产生的,但她没有看到。同时另一条是,一个漫长而复杂的念头突然冒了出来,然后两条就撞一块了。哎呦。难道是当一个开始提问的时候,另一个正好开始思考?还是念头在自己思考自己?还是……?

我不应该没完没了地补充提问。回到练习吧。念头如何在宁静中产生？

日子一天天过去，宁静平稳。一具无头身体静静地坐在花园小屋里。事情发生着。

我又休息了一下，泡杯茶。我在小屋里放了一个水壶和一小罐牛奶，这样我就不用回房里去了。我小心翼翼地倒着开水，轻轻地端着杯子，仍然注意着地板、风和敲打屋顶的雨声。

我又坐了下来，慢慢地，集中注意力。我问："安住在宁静中的心和流转在念头间的心有本质的区别吗？"现在我应该能够问这个问题了，因为我的心确实是安住在宁静中。我不知道我是否应该刻意去思考，看看这两者是否有什么不同。我不明白为什么我不应该这么做。我认为如果我想的话，我就可以这么做。

我静坐得更久了，然后开始刻意思考。花了这么长时间来像侦察敌人一样观察念头的产生之后，还想要这么做是极其困难的。我选择了一个主题，设置好启动，然后试着去观察。奇怪的是，当我这样做的时候，我仍然保持着开放的注意力，所以心似乎是不动的。我想知道如何让心活动，在不抑制它的情况下观察心念流转。我播下一些念头的种子，让它们自由驰骋，然后观察它们，并希望在它们离开后再把它们抓住，这样轮转不息。这让我想起了威廉·詹姆斯试图像抓住"鸟的生活"中栖息间的飞翔一样抓住心。至少我还能做点什么。

通过这样的实验，我发现有两种不同的念头。第一种，就是那些发生在这里，在宁静之中的，比如提问，然后等待答案。这些念头感觉就像我所坐空间的一部分。它们不会扰乱心智，心似乎是不动摇的。至少，它的活动方式和远处那棵树的树枝在动一样，或者像水坑上风吹起涟漪的动静一样。它们既动又不动。

然后是那些冗长而复杂的念头，它们似乎把我抓住了。它们动静很大。还远不止这些。好像它们开始时没有我。它们带走了一部分心神，然后，由于我很不擅长捕捉它们,在我注意到它们之前,心似乎已经被分裂成了两半。

电光石火之间我突然想到,我可以把这一切看作是一种关于大脑里发生了什么的理论——神经元群在不同的地方组织自己,它们的组织模式产生了又消失,无需一个体验的自我。但如果我想试着用语言来表达它们,这就极其复杂了,而且这种尝试会让人分心。没关系。我不会忘记心中被唤起的那些生动无言的心理图像。我可以稍后再思考它们。

我返回去看那流转的心和那安住在宁静中的心。

这是我今天最后一次休息了。所以我拿起笔记,把同一页又读了一遍。我慢慢地读着如今熟悉了的问题,让字里行间充满宁静。然后我读到了这个星期我还没有读过的下一行:

> 于是探究省察这些事物的觉知是否与安住状态和流转状态分离,还是与它们同一,就变得很重要了。
>
> 这里有三种方法可以探究无功用道的体验。需要通过参究以下几点之间的对比事实:(1)过去、现在和未来三重时间;(2)……

我笑了。不。这太多了。我根本还没有开始考虑到时间呢。这个笔记本真神奇。今天就到这里吧。

我又在凳子上坐下来,安住在宁静中。

我做到了吗?心总还是有一些小小的波动,不是吗?现在这些波动微微朝向鸟的歌声,它随着风声的减弱开始传来;接下来,又微微朝向映在我眼前石板上的雨点光泽;再下来,又有一个微小的转动,朝向我底下垫子的触感。如果我的心完全不动会怎样?如果注意力是完全稳固的呢,完全无功用道呢?当心无物可趋向、无物可离开时,它还会留下点什么吗?我观。这是……

问题六：没有时间。记忆是什么？

参究公案的一周

某年一月，约翰·克鲁克在曼威德开办了一种新的闭关活动。他的想法是，让人花整整一周的时间只专研一个公案。这对我来说听起来很理想。于是我报了名。在一个寒冷刺骨的冬夜，我和其他20来个人一起来到这片山区。

第一天，在惯例早起和"黎明禅"之后，约翰宣读了一份单子，上面列了一打公案。有些是传统的禅宗故事，有一个是他自己的故事，还有一些是简短的问题。我喜欢其中的一些故事，日后还会时常想起它们，但有一个短偈格外引人注目："没有时间。记忆是什么？"（There is no time. What is memory？）①这是约翰在中国香港大屿山一座寺庙的拱门上看到的题字。当他读完这张单子后，他递给我们一份带有指令的单子，然后打发我们出去散了一小会儿步，让我们自己静静地读，然后各自选一个问题陪伴我们一周。我爬上小溪另一边陡峭的小道，坐在一个平坦的海角上，眺望着山谷。按照指令，我把所有问题都仔细研究了一遍，以防我的决定过于仓促，但不会，这个问题显然是为我而备的。

闭关的例行公事开始了。我们每天早上5点起床，在结冰的院子里进行充满活力的锻炼，然后说几句鼓励和忠告的话；然后在一天的第一堂禅课之前喝杯茶。除了吃饭、干活的时间和下午散步，日常程序大多是一连串半小时的禅修，中间间隔在院子里慢走十分钟，或者在室内锻炼。我们的任务很明确：将我们所选择的公案时时刻刻铭记于心，决不放走它。

第一个黎明，是一个霜冻的清晨，我们在明亮的星光下聚集在院子里，

---

① 译者注：香港大屿山古道上一座牌坊，上刻有"东山法门""南天福地"，底部刻有英文"To the great monk Sing Wai—There is no time what is memory"，由英国人贝纳祺（Bernacchi）所建。

认真地模仿着约翰各种各样的跳跃和伸展动作,这天他给了我们一些鼓舞的话:"耐心、勤奋、坚持。"

我开始干活。指令单子上说西方人的头脑一开始会用智力来处理公案,但这种念头会自然地耗尽,因此不必担心。好吧,我不必阻止自己思考,也不用为此感到愧疚。如果这些念头会自己耗尽这挺好的。那在那之前,我还是可以思考的。

我的第一个办法是规划范围。我手上的东西很简单:有一个陈述句,加一个问题。我不需要着急。我有整整一周来处理这个公案。我决定以两种不同的方式来处理这个陈述句。首先我同意它,然后我再不同意它。所以,首先,我同意没有时间。

我坐着。我看着。我很努力地看着。我坐下来,看着我前面地板上的地毯。但是我没有充足的睡眠。这就是我之所以讨厌有组织的闭关的一个地方。我没有足够的睡眠,所以无法集中精神。我开始产生幻觉。地毯上各种颜色和曲线的图案变成了大螃蟹,它们站起来,互相爬过去,让我眨眼,让我生气。但我看不到任何时间。那么,好吧。公案是对的。没有时间了。但是如果没有时间,那记忆是什么?

我又来到了院子里,慢慢地做着"行禅"(walking meditation),一边来回踱步,一边低头看地。霜冻过去了,泥和羊粪在我脚下吱吱作响。天空乌云密布。当然这里有时间。云从山后直冲云霄,移动得飞快。没有时间你就不能运动。云的运动只有在时间里才有意义。公案是错的。这里有时间。

一坐就是几个小时过去了。螃蟹爬来爬去,我眨着眼睛让自己保持清醒。

等一下。我怎么能知道云彩动了,我怎么能听到那个咳嗽的声音,我怎么能看到约翰在走路?因为从这一刻到下一刻,我能**记得**之前发生了什么。

没有记忆,它们将是毫无意义的景象和声音。记忆是什么？哈！这的确是一个聪明的公案。如果我同意它,那么我就会对记忆感到困惑——因为没有时间怎么能有记忆？但如果我不同意它,那么我得回答时间是什么。我开始对这九个简单的字产生了一种奇怪的敬意。

夜幕降临,我们都静静地坐在摇曳的篝火旁,慢慢变暖的房子里弥漫着一股浓浓的烟味。我凝视着火焰。它们一直在跳跃。它们的本质就是运动:如果它们静止不动,就成不了火焰。那么火焰中有时间吗？有现在吗？我可以用相机捕捉一个瞬间,但这里没有相机,只有我的眼睛,而它们看到的是不断的变化。我无法抓住任何一个瞬间说,在它之前过去的就是过去,在它之后的即将来的就是未来。

我看着火红的舌头缠绕在一块枯死已久的干树皮上,试着从火焰的角度来想象一些事情。火焰没有记忆,所以它们有时间吗？死死盯着这闪烁的光芒,我明白从它们的角度来看这里没有时间:它们不可能有过去、现在和当下。我有种毛骨悚然的感觉,整个宇宙都是这样的。火焰、木头、岩石、壁炉、火柴和山丘——它们都没有时间。我坐着听着噼啪声。

一只蚂蚁正从地板上的一堆木头里爬出来。从蚂蚁的角度来看,时间存在吗？蚂蚁不同于石头和山丘。我怀疑这是否意味着得先成为一个有情(sentient being),但我不得而知。这里要调查的事情太多了。一周似乎于事无补。然而已经很晚了。我洗漱完,然后溜进睡袋,心里依然牢牢地把持住我的公案。

这就是第一天我对公案的进展。

黎明打板声响起,我立刻就醒了。心里的字眼就立刻升起来了:"没有时间。记忆是什么？"

第二天,复杂的想法不断出现,但没那么快。我正在放慢脚步,变得更加专注。不管是谁发明的,我对这个公案的敬意与日俱增。它就像一个神奇的转换器,把在它路径上的所有东西都转换到了正念;而且它做到这个一点也不突兀,也没有中断;只是微微一个切换。例如,我可能会开始胡思乱想:"我记得去年夏天我在这里的时候……"但在我要沉浸到回忆中去之前,我突然想起了这句话:"记忆是什么？"因此,我不再因注意力不集中而生自己的气,而是猛地把自己拉回到当下,回忆本身变成了公案"记忆是什么?"的饲料。我可以看着去年夏天的那些场景,然后问"这个记忆是什么?"几乎禅修中升起的每一个念头都可以这么对待。我开始明白,它们大多数都是记忆,或者以这样或那样的形式建立于记忆之上。所以,通过每个升起的念头,我还在作用着这个公案,或者是公案作用着我。

今天黎明,在院子里,我们都站在那里瑟瑟发抖,或是呆呆地望着群山中的美丽夜色,约翰给了我们这天的建议:"精准练习"(哈!),"坚持"(又来),以及"让公案来做吧"。似乎是这样,公案也在发挥着作用。

第三天,我们每个人都要在图书馆与约翰进行正式面谈。图书馆是一间小木房,里面有书和一张窄窄的床,床固定在谷仓的一头。我们被告知要安静地进去,向一座特殊的雕像鞠躬,面对约翰坐在坐垫上,然后,不用他问或说任何话,解释一下我们对自己的公案进展了多少。

我听过很多禅师和僧人之间机锋相对的禅趣故事。它们总是富有戏剧性或见解深刻,老师或学生都会做一些意想不到的事情。最后,僧人要么受惩罚,并被告知要继续修行,要么立刻开悟。当然,我也想能开悟——那会被棍子打,然后一切都消失了,然后……停停停。我想让约翰认可我,认为我很聪明,在公案上进展顺利。多次闭关让我熟知一切。但这些以自我为中心的东西都是挡道的障碍。我知道。我努力集中注意,等着轮到我。有人拍了拍我的肩膀。我站起来,鞠躬,慢慢地、小心翼翼地走向图书馆。

我推开门帘,找到正确的雕像,向它鞠躬,坐在空垫子上,停了一下,然后在地板上砰砰敲了两下。

"是什么区别了这两下响声?"我问道,约翰一动不动地坐在我面前,"当然是时间。所以公案是错的。时间是存在的。但只有当我们记住并区分两个响声时,我们才能看到时间。记忆是什么?这是一个非常聪明的公案。从它这里你可以开始怀疑所有过去的事情,以及所有未来的事情,因为它们都是建立在记忆之上的。剩下的就只有现在了。这个你无法怀疑,对吧?

但现在又是什么呢？我要想想。这就是目前我对公案的理解。"

我对自己感到满意。我说得很清楚了。

约翰是冷漠地说："好的。"

"你不打算帮我吗？"我问。

他微笑着说："继续吧。"

我走回我大厅里的位置，并继续。

我要试试另一种方法。如果我抓不到"现在"，或许能找找现在发生了什么；就是人们所说的"现在的**内容**"（the **contents** of now）。这可能会比较容易，因为我可以观察在那一刻我所看到、听到、感觉到，或回忆起的东西。我认识到，这与神经科学中非常熟悉的"意识的内容"是同一个概念。是的，这就是我的意识；这就是我的"现在"。我应该观察它。

我盯着地毯上的螃蟹，还有木地板上不稳定的条纹。我侧耳倾听着炉子里噼噼啪啪的木柴声，听着别人拖着不舒服的膝盖走动，与我一起为公案奋斗的同伴们在清嗓子。我试着感受小腿上的轻微疼痛。我观察得越多，这些感受就看上去越不牢固。我观察的时间越长，它们就越不像声音、景象和感受。然而，这些都是"现在"的内容。它们是什么？它们是什么？

我惊讶地发现，这个问题与驱动我生活、激发我做了几十年研究的问题——"意识是什么？"——是同一个。这就是我想做的：安静而稳定地坐着，提问。如果我观察得够仔细的话，我一定能看到，不是吗？我必须要坚持观察，在禅修或不在禅修的时候都要保持观察。

现在是干活时间了，我被派去打扫一个双拱顶、尿液分流、堆肥式厕所。我爱它们。我喜欢无废水的处理原则，以及妥善保养它们的技术性工作。我喜欢独自在自己的专注沉默中工作，把厕所打扫得闪亮洁净。我已经控制住了气味，而且效果很好。但是人们让我抓狂，他们想在工作时间上厕所（他们干嘛不去干自己的活？），甚至想来跟我搭话（他们难道不知道止语的意思吗？）。但我要坚持，在闭关的时候不看别人，一点也不。我只看脚。这是我一个长期的习惯,源自于圣严大师多年前说过的话:"不要有眼神接触,不要有面部表情,只是鞠躬致谢和感恩他人。"所以我让其他人都变成了穿着鞋子的幽灵,而我在拖地。这就是现在吗?

  这是一个神奇的公案。它一路上吞噬一切。即使是重复"没有时间"这几个字也需要记忆。这是一个自我吞噬的公案。我想看看所有东西都被吞噬之后还剩下什么。

  声音、味道、眼前的地毯,它们是什么样的?无论我是试图寻找"现在",还是问"现在"里有什么,我都会陷入一种失明,一种迷雾,一种看不见我正在看的东西的无能。就好像通过眼角的余光,我确信有什么东西在那里,但当我直视它时,却又看不见。当我看它们的时候,它们不知何故就会蒸发于无形。

  在某种程度上,这种"盲"是令人鼓舞的。多年前,在一次闭关中,我记得圣严对我们说,我们必须变成瞎子和聋子。当时我不知道他说的是什么意思。事实上,那时我讨厌这种说法,因为我迫切地想看得更清楚——而不是相反。但如果是他提倡的这种失明,那么也许我正在有所进展。

  但这很糟糕。我讨厌它!我很生气。我更加努力凝视着这种失明。我不知道该如何进行下去。继续看——看不见。继续看——它跑掉了。继续听——听不见。看。看。集中注意力!

  我想起公案是要一直参究,但这并不意味着要让它成为我,于是我放松了一点。这很有用。当我走过餐厅,坐在自己的位子上时,**我在**(*I am*)参究公案。安静地吃东西的时候我在参究公案。腿穿过院子走回来的时候我也在参究公案。虽然我不明白,但在某种程度上这似乎打开了一个小缺口。破旧的地毯散发出宽阔的光芒。

  有些事情已经改变了。哈,这很有趣(我允许自己进行一些学术上的猜测)。大概是这样的:通常,当我的注意力从这里转移到那里时,此处有一个跳跃。首先,有一些声音、景象或疼痛看上去就在我的意识中,然后我转移我的注意力之后,其他东西就会进入意识。就好像有一个在观看的我,还有一个叫做"我有意识的心"的空间,事物在其中来来往往。我知道这不对应脑中的任何东西。那会暗示一种笛卡尔剧场:一个不可能的内部空间,里面有一个在机器里的幽灵观察着他自己私人的体验流。

如今看起来完全不是这么回事。似乎每一件我所注意到的东西都是已经在发生的。我的注意力转移的时候,这里没有跳跃和突然的中断。每件东西都是如其所是的样子,或者一直都是这样,即使它在变化。我想,也许体验根本就不存在于序列时间里。体验本身没有"现在",也没有一个"我"体验它的时间,或者体验会"进入"我的意识。这与通常的观点不同,但它符合大脑的工作方式,因为虽然所有的大脑过程都需要时间来展开,但大脑中没有专门的地方或过程用来将它们转化成有意识的体验。正如威廉·詹姆斯所说,这里没有"教皇神经元";也如丹·丹尼特所说的没有"中央司令部"。如果没有,那么我就不可能说出我现在意识到了什么,因为根本就没有这样的东西。有多重大脑过程在进行着,其中有一些比其他的占据更大脑容量,但这里不存在一个体验它们的我,也不存在它们变得有意识的那一刻时间。虽然我很迟钝,但我现在还是马上明白了。

感谢上帝让我下午散步。房子后面的小山很陡,当我走到沼地边缘,看到荒原、羊群和远处威尔士山脉景色时,我已经喘不过气来了。我沿着狭窄的羊圈,穿过粗糙的石楠花,步履沉重地走着,一边走一边保持正念问自己问题。我走着,不断有石楠丛和岩石穿过我。我不知道是谁在走,谁在动,是它们还是我。

然后我笑啊,笑啊,一直笑。没有"意识的内容"!当然可以。它是如此明显。体验是碎片,它们是无根基的,它们也不在任何东西里面,它们不在任何地方的中央,无论是时间还是空间里。我们以为我们看到或听到的世界,其实常常是一个记忆。那么记忆是什么?哈哈!

我很感激这个了不起的公案;感谢这个不断变化的、自我吞噬的模因

(meme),感谢这些威尔士中部的环境,感谢我的父母,感谢这个小小的、壮实、积极肯干的身体,我突然对它产生了深厚的感情。我还没有失败。

今天是倒数第二天,我让自己更加猛烈地投入到对"现在"的寻找中。"失明"强烈,但它不是事物的那种有形的盲,这让事情变得更加令人沮丧。我找不到"现在";我看不到任何东西,即使它就在我面前。所以我感到仿佛我什么也看不见。

为什么我不停止尝试呢?我停止了尝试,于是陷入了宽广而深邃的宁静。但我不会就此罢休;我想了解;我想继续看。

站在院子里,盲目地凝视着外面美丽的风景,我的感觉非常强烈,如果有人轻拍我的肩膀,我会爆炸。我在颤抖,在某种可怕的边缘。

没人能做到。

羊继续咩咩叫。

这是我最后一次面谈。我很沮丧,以至于我对约翰大喊大叫。真的很大声。我想让他明白。他穿着长袍,平静地坐着,我一直在里面不停地发泄、尖叫。

我指责他:"你口若悬河地谈着'这是什么'的答案是'就是这',但没有'这',对吧?我看不到'这'。你能吗?"

他没有告诉我他能不能,但我想知道。

"我能看见你,"他平静地回答。

我大声回怼道:"这不够。"(因为在我的印象中,事情显然不可能像看到一个人那样这么简单。)

"这是怎么回事?"他问。我向他解释关于圣严和失明的故事,没有现在,也没有现在的内容。

"啊,是的,"他说。"你已经进入了大疑。"

这句伟大的禅语完美地总结了它。这不仅仅是一种智力、文字上的怀疑,而是对每一个体验的每个方面的怀疑。这是什么?这呢?这又是什么呢？我什么都不知道了。我希望他告诉我——告诉我怎样才能不一样地去看；如何以不同的方式看世界。他没有，或者不能。也许事实并非如此。当我离开时，他告诉我要慢慢来。

慢慢来！当我满肚子……呃，满肚子什么？除了听他的劝告，别无他法。我感到泄气。激情和紧张都消失了。我流着眼泪回到自己的位置，继续坐着。

我的膝盖疼。在这次闭关中，我第一次感到膝盖疼痛。在这次闭关中打坐和平时没什么两样：乏味、费力、无聊。我步伐沉重。

在一个受欢迎的茶歇之后，"好饱！"我这样想着。我不是佛教徒。我没有起过誓。在这种情况下，我不会做真正的佛教徒会做的事情。我想了解心灵，而这种大力探究似乎是有效的，所以我要再做一次，不管他说什么。

我开始进行一个新策略。过去和未来看起来不一样吗？我把例子一个一个想出来，然后分别来看。关于过去，我回忆起许多年前，当我住在梨树小屋的时候，孩子们还小，我看着他们在花园里玩。我能想象出花园的布局，并能看到他们四处奔跑。它有特定的感受：心灵的感受，想象力。好了，接下来是关于未来。我在想这周末什么时候离开曼威德。我想象着自己钻进车里，在泥泞的院子里小心地转弯。我想象着沿山谷开车，为羊群打开和关上门。我可以想象空间布局，看到小径迂回曲折。它有特定的感受：心灵感受。

它们都是一样的东西——都是记忆、想象的东西。过去和未来在心智中是等价的。那么它们之间的是什么呢？当然，应该就是"现在"，但我已经认识到，它是找不到的。不再有过去、现在和未来排成一线，而我在这中间移动。完全不是这样。"记忆是什么？"和"这是什么？"结果是同一个问题。

那么这些东西是什么呢？它是如何、何地、何时产生的？

这是闭关的最后一天,我又开始干活了,参究它们到底是什么。我唤起了过去的事情、未来的事情、完全假想的事情、现在的事情。虽然我给它们做了不同的标签,它们的生动程度各不相同,我对它们的细节把握程度也不同,但它们似乎都是由同一种材质构成的。它以某种方式自己显现出来。但如何显现呢?在哪里、何时显现呢?当我和约翰道别的时候,我告诉他我有一个新问题:"体验在何时?"他笑了。我们一起笑了,我离开的时候又觉得离他更近了。

开车离开之前,我走在雨大风大的山上,那里的一切都在移动和变化。我保持正念,然后突然有了一个想法。经过这么多年的实践,有一件事我认为我可以信赖;那就是我知道正念是什么。它是完全活在当下。但现在我知道没有这样的时刻。那么什么是正念呢?我知道它和失念是不同的。但如何不同呢?

这就是我在这次闭关结束后留下的东西。这些年来,我真正认为自己已经学会的一件东西被推翻了。

问题七:何时你在?

春天来了。至少家里的番红花和水仙花都已盛开,然而曼威德的春天还没有到来。当我驱车进入泥泞的院子,山坡上看起来非常荒凉。接着,我把我的箱子和睡袋拖进屋里,找到属于自己的床位,再看看这周分配给我的工作是什么。

其他人都到了。我不喜欢说话,但约翰坚持让我们围坐在炉火旁。在我们要陷入沉默之前,他让我们先自我介绍一下。约翰告诉我们,第一件事就是要"到"(arrive);活在被给予的当下,活在此时此地。多年来,这个地方已经渗透了我,好像它和我就是同一个到达者的一部分。这幢老房子,泥泞的院子,还有两棵我非常熟悉的大梧桐树,我与它们不可分割。通过外在而非内在的东西意识到自己的存在,这很奇怪。我想到了记忆力衰退的老年人,他们需要熟悉的地方。在他们每天看到的墙壁、桌子和台阶上,保留着他们的一部分身体。所以这个房子和院子是我的一部分。

我把我的床、多余的毯子、几件简单暖和的衣服都收拾好,然后坚决恢复不看任何人的习惯,并保持正念。今晚坐一小会儿,然后睡觉。明天开始参究公案。

第一天。我这周的公案比乍看上去更为丰富多样和有趣。我选择了它,坐在半道的一块岩石上,从那里可以看到山谷的景色。当约翰读他的单子时,那几个字一下子跳入我的眼帘。我本来担心它与我上一个公案"没有时间,记忆是什么?"太相似,那样我可能会感到无聊,或者什么也学不到。但它一跃入我的眼帘,我就选择了它。所以,第一天我坐在这里,准备开始问:"何时你在?"

我想,它明显是关于时间和自我的,但在想出下一步该怎么做之前,我会以我的方式先感受一下这个问题。念头翻飞。我还在适应。努力保持正念。啊,这个问题促进了正念本身。当我坐在这里的时候,各种念头涌上心头,把我从正念的当下拉离,它们大多是"我想知道是否……",或者"我记得当时……""我希望……"之类的。它们以自我为中心,使我想起了这个问题:"何时你在?"我又被同时推回到了当下和问题之上。到目前为止一切顺利。我可以开干了。

这里有四个字。那么,依次处理这几个字如何?(我有点怀疑,我是否真的要花整个星期什么也不做,只想这四个字——而且是四个非常普通的字!)但我得保持正念。不要思虑整整一周,那样只会让你害怕。在场,当下,专注。

何时? 整个第一天,我坐在那里,观察着由简单的第一个词所引发的念头:何时?回忆开始升起。那个假期是几年前的事了。是的,但那是何时呢?我意识到,我正在建构一系列的年份和日期,然后将那个假期放在适当的位置上。我想起了上周四建筑工人说的话,并想着我的日记本,它有完整的日、周的结构,以及各种事情发生的顺序。这些思绪真的正在发生,不是吗?

我想起自己在家里的厨房里。那是何时？我的意思是，我回忆中的这件事确切是什么时候发生的？搞不清，因为我记不太清了。事实上，这可能是许多次我站在同一个厨房做着相同事情，类似这样的时候的一个混合。所以不可能说出一个何时的客观时间。或者我的意思是记忆是什么时候发生的？我可以说它现在正在发生，只不过现在已经过去了。

我开始在我回忆这些过去事件的时候寻找现在，但是，这些思绪每一个都需要一些时间来展开，并且在它们里面没有"现在"可以捕捉。它们来了，它们花费了时间，它们走了。没有了其余部分，开头、结尾和中间都没有什么意义。无论是最初事件发生的时间，还是我正在发生回忆的时间，似乎都无法确定。

"何时"很让人困惑。我必须坚持下去。

我们坐着。我们在院子里散步。我们无声地干完自己的活，在房子旁满是灰尘的餐厅里吃饭。我是厨房助理。我谨慎地端着盘子，头也不抬，把它们放在人们面前但不与他们眼神交汇。何时？

第二天。我正在适应这个地方，进入正念，真正地在场于此。天气极佳：寒冷霜冻的早晨，天黑的时候我们就起来走出院子；清冷晴朗的白天，淡蓝色的天空和淡淡的阳光。伴着春天新生羊羔高音调的咩咩声，老母山羊低沉、沙哑、没完没了回响的叫声，这些都是我们所有禅修的背景声音。

我坐在我的垫子上。我在继续。我要开始处理"在"了。

在（Are）。

我感到"你"，或自己，正要强加进来，但我会坚持把持住"在"。

这似乎有点蠢。我能用"在"做什么呢？你在，我在，存在。在或不在……停！

当然，这个问题还有一个更简单的方法，有点像"何时你是？"与"何时你不是？"相反，"何时你在？"与"何时你不在？"相反。这些讲的是关于在场与不在场，正念与不正念，这些不同的状态何时发生。我也可以用这个。

现在我正在正念。我坐在这里集中注意。这是何时？我试着在在场与不在场之间切换，但我做不到。每当我参究这个公案的时候，我似乎都是在场的——有个人在这里提着问，有一个在。我意识到，这是一个熟悉的例子。这就像在问我现在是否有意识一样，每当我问这个问题时，答案似乎都是肯定的。无论什么时候问，我都是有意识的。我凝视了它一会儿。又过了很长一段时间。

随着时间一分一秒地过去，我开始分心，想知道闹钟何时会响，晚饭前还有多少坐，还想起我上周应该给一个朋友打电话的事。它们都是与自我相关的念头。所以"我"在里面。几乎想任何事都连带着一个"我"。但我知道这些都是虚构的。这些念头都围绕着一个我的观念打转。还没有，我还不打算处理"你"，我还在"在"上面。

我开始用新策略。如果我要问"何时我在"与"何时我不在"，那么我最好对两者都能有所观察，并问问它们何时开始、何时结束、何时发生。但我不能。每次我想知道自己何时不在时，我都会失败。我无法看到自己不存在。嗯。

好吧，让我再试一次。看我能不能以某种方式放下我自己，飞跃到虚无（nothingness）中，这样我就能知道我何时不在，然后再回来，并再次知道我在？听起来值得一试。我所要做的就是停止存在。我必须把自己投入到非存在之中。我必须放下。

某些东西在摇摆。有那么一会儿，我似乎不在；什么都不是，消失了。但转眼间我又回来了，在问着这个问题。我真的消失了吗？那是何时？我笑了起来。我不知道。

好，再试一次，放下，再出现，然后问何时。我有一种滑头的感觉，好像只要我有勇气，或技能，或者其他什么，那么我就可以完全从存在中退出，然后再回来，但这并没有发生。也许我害怕回来的我，将不再是那个消失的我。其实我知道不会的。

这很奇怪。我开始感觉到我和公案是密不可分的。但我不理解这种感受。我继续参究。"在"。

我们都要参加面谈，但这次面谈的不是约翰，而是他的实习老师之一杰

克,约翰就坐在旁边。我等着轮到我。轻拍肩膀的声音来了。我正念地走进图书馆,和他们俩坐在一起。

杰克的目光在某种程度上吸引了我;警觉、清醒。然后一切开始了。我滔滔不绝地说着我一直在做的事,还拿约翰开了个古怪的玩笑,我们都笑了。

"你还有什么问题吗?"杰克问道。

我没有问题。我为没有问题而感到愚蠢。我说"没有",然后就坐在那里。

"没有问题是什么感觉?"他说。我被难住了。

他重复了这个问题。

"我只能继续去参究。"我回答道,然后被打发了。

当我坐回到我的垫子上时,我很震惊。我能想到许多我本应该说的更好的话,而且我无法甩掉对它们的思考,例如希望我本该做些与众不同的事,诸如此类毫无意义和愚蠢的活动。我本来可以说:"没感觉。什么感觉也不像。"这似乎就是我将要得出的结论,但我不知道这是不是我的真意。考虑到意识科学都是关于"成为某物是什么样的感觉",那这个命题就很严肃了! 它让我发笑。我不知道杰克是否意识到他的问题有多切题。

我本来可以说"麻了"。

我本来也可以问他所有我真正想要答案的问题,像"什么,是你知道而我不知道的?",或者甚至是"何时你在?"。

真可悲。停! 我深吸一口气,又开始参究。"在"。

这是第三天。在除此地之外的世界其他地方,今天是星期天。忘了这些吧。现在来吧。看着木地板和地毯,听着羊叫和柴火炉的噼啪声,专注! 今天你将挑战第三个单词"你"(You)。

我已经看出这个问题有几个分支。我开始探索。我要问问我是谁,观察我自己,然后再投回到"何时?"中去。

这很有趣。我有权思考我自己。我记起我还是个小孩的时候,因为我的手做了手术,我的手臂上有一个很大的绷带。我看到了我父母的房子,有花园、车库和小路。我想象自己在家里……但是,停!这是什么时候的事?那时和现在都有,但我也不能确定。这些都是虚构的。讨厌的虚构。它们不是真实的。它们只是一个人现在建构的一些念头,那么什么是现在呢?哦,不。我再也受不了那个了。我不会去找现在的,我知道我找不到。所以,"何时你在?"

我又从自己开始。我心中持有一种自我的感受;一种我知道自己是谁的感受;我已经习惯了成为我自己。我可以抛出所有想象图景,但它们没有一个对我是谁来说是必不可少的。在这一切中最重要的是那种熟悉感,这种熟悉感就是我(me)。威廉·詹姆斯提出"温暖与亲密"这个词,来标识一个念头是"我的"。他说这种温暖、亲密和直接,产生了过去某些特定部分的连续性、自我的共同体,以及记忆之间的连接,这种连接使它们成为"我的"。但我知道,一旦我的念头开始铺开,我就是在戏弄自己。这也恰好是另一种感受,就在这儿再次冒泡与消失。但那是何时?

这里有人在发问,不是吗?

今天早上,在院子里做完锻炼后,约翰说,每个人都将用自己的方式处理公案:例如沮丧或愉快,科学或哲学,诗意或痛苦;但无论哪一种,我们都不能忘记要继续推进。

"保持参究你的公案,"他说。这不困难。我努力参究,公案不离我心,至少不会离开太久。当我们鱼贯进入大厅坐下时,我鼓足干劲。

每天我们在寒冷的黑暗中起床,在第一个小时的禅坐中,太阳慢慢升起。今天我们从禅堂出来,进入了一个灿烂的世界,明亮的阳光照得浓密的白霜闪闪发光,白霜沿着山腰逐渐消失,变成潺潺的山谷雾气。眼泪涌出。我盯着看。这是何时?

约翰在他的日常演讲中,谈到了"心镜"(mirror mind)。我以前听过这个短语,但我不知道它是什么意思。他说,在练习"默照禅"(Silent Illumination)

的时候，你必须打开心镜，但不用它做任何事。但在这里，我们的任务是准备好心镜，然后将公案放入其中。嗯，我不知道他在说什么。

但我还有很多事要做。如果有人发问，我可以问此人何时，不是吗？

这也很有趣。坐下来，发问；然后观察这个发问并问："这是何时？"但我准备不足，措手不及。

"何时你在？"我是发问的提问者。我再反过来问提问者："何时你在？"这是问题在问我这个发问的人……

一切都错了。问题就在我面前徘徊，但我不确定我是这个问题还是这个"脸"。但不管怎样，我肯定不是脸，而是脸后面的东西。这个问题盯着我脸后面的空间，除了该问题之外什么也没有发现。似乎在我的一生中，在里面这个我和我所能看到的外面世界之间有一层皮肤或一层面纱——显然不是一层真正的皮肤。的确，我不知道我在说什么，但现在它不在那里了，我可以感觉到少了什么。我的整个头都被打开了。实际上根本就没有头，也没有它的后面。就好比我以前照镜子，而现在我不照了。这里没有分裂。没有正面和背面。不是在镜子后面，也不是在镜子前面，不是在里面也不是在外面。问题通过我(me)来自问，而我(I)在……

我不知道，但我的技能足以让我看到这是一个机会，不过我可能会搞砸它。不要慌。你现在知道该怎么做了。记住古老的大手印教导：识别和体验观照力，并保持在非加工(无功用道)体验中。我不加工。问题一直在自己问自己。玻璃杯不在那儿。一切都是漂泊不定的，但其中却有令人神清气爽的东西。莫非这就是约翰所谓的"空性的清新味"？

我害怕了。继续参究，这个任务支撑着我，但如果我能偶尔反思一下它，尽管我有正念，我还是可以看到一切正在分崩离析。我观察自己，却发现只有虚构的东西。我观察提问者，却发现只有问题。我失去了有时在我和正在发生的事情之间似乎是一道安全屏障的东西,所以它们就在这里,鲜活而直接,但不锚定,也没有连接。这是什么?

公案对我来说还没有结束,我还在参究最后一个词"你"的那些分支。随着镜子的消失,然后我意识到,问题根本就不是关于我的。如果是这样的话,它对其他一切任何事物都是同样适用的。出现的任何东西:念头、声音、动作,任何东西——我都可以对它提这个问题,"何时你在"?

今晚我们有一个意想不到的活动。恰逢满月,约翰取消了晚上的禅课,在黑暗中穿过田野散步。我们排成纵队跟在后面,清凉的月光投射在潮湿的草地上,霜冻开始形成,我们的呼吸在空气中冒着热气。正念。然后正念着去睡觉。但我不知道正念是什么。不要紧。你知道该怎么做。专注。集中注意力去睡觉。

这是最后一天了,我又回到了我的垫子上;同样的地板,同样的火,同样的羊叫——还是它们是不同的羊?不同的叫声?不管了。我要对它们中的任何一个说:"何时你在?"

我开始了。一只鸟尖叫着,我想那是一只麻鹬。何时你在?它很明显,也很响亮。这声巨响是突然出现的;它持续了一段时间(或者我后来记得它持续了一段时间);然后它就消失了。我能知觉到它的时间形态,声音形态,但何时它在?

炉火仍在噼啪作响。那是何时?我注意到这又是倒放的思绪线;噼啪声已经有一段时间了,但前面我并没有听到;我前面忙着听麻鹬的叫声。我应该对没有听到的噼啪声也问一句"何时你在"吗?我觉得我应该在体验发生的时候问这些体验本身,所以如果当时我还没有体验到,那就不算。所以只有当我注意到它的时候,它才能算开始。是的。但当我注意到它的时候,我已经把它记成了一直在响,就好像我或者是某个人,已经持续听了一会儿了一样。那样的话,我就得问问它是何时发生的;但当我注意到它的时候,它已经成为我的一个记忆。

停！停下来！你可以这么想，但这无济于事。观！听！看！我参究着。所有了达。

每一种声音、味道、感觉，或每一个念头，都有自己的形状或形式，自己的存在方式，但我找不到任何开始或结束。只要我一听到或一看到它，它就已经成为它所是的样子了，并在时间和空间中以这种形式存在。但它们不在时间和空间中。我想我假设了一个时间和空间的框架，在这个框架中它们每一个都发生了，但当我看和听的时候，它根本不是那样的。而是时间和空间的概念好像产生于事物本身之中，并随事物的消失而消失。好像事物只有在我用魔法召唤它们的时候——听或看到它们的时候——才会持存，而当它们停止存在时，我说不出它们何时何地在过。

这让我想起了感觉运动理论，即视觉是一种行动；我们会产生一种一次性看到了整个世界的错觉，因为我们总是可以再看一遍，并及时召唤出下一个片段。

自我和世界之间不再有镜子，两者之间没有区分。这些东西从无地点、无时间的地方涌现出来，也没有为之呈现的连续的人。那么这些东西是什么，它们从哪里来的呢？我凝视着虚无，这一切似乎都从虚无中显现自身。我想象不出那是什么。物理、化学、神经科学、心理学：这些都不顶用。不是那样的。这些东西只是从无中产生又回归于无。但难道什么也没有吗？它们是什么做的？接下来会怎样？一切都是这样。每一样事物，我都不知道它们从何而来——即使它们就在我自己的心智体验中。

我更努力地观察，仿佛使劲往事物之间的裂缝里看就会有帮助似的。但只要我一看，我就在创造一些东西，而我要看的是未被创造的东西。我设想着跃入本源消失的那一刻。

我很害怕。我很害怕。我很害怕。

公案还在那里。意识到它可能不会消失，这让我松了一口气。即使其他一切都瓦解了，这个问题也会继续自问下去。如果我瓦解了，公案还会在那里。我准备好了。我感觉自己就像站在悬崖边上,准备纵身一跃。或者它比这还要狭小,它更像是旗杆的顶端,或者是一根摇摇晃晃的棍子,我笨手笨脚地抓着它的顶端。继续。跳。跳。放下。你知道你就是个虚构。没什么好失去的。继续。

但我不能,或者不可以,又或者整个想法都是错误的。我又一次被留在了悬崖边颤抖,事情在没有时间、没有地点的地方发生,无中生有或有中生有。

我累了。

问题八:此刻你在这里吗?

有生以来第一次,我决定拿出整整两周的时间来进行禅修训练。我知道很多佛教徒会修七个星期,甚至七年的闭关。我钦佩他们的投入,有时也会想我是否也能这样做,但现在,对我来说,两周似乎都太多了。

蒂潘的问题仍然引起我的兴趣,而约翰的日程安排是 2003 年 12 月另一个一周的大手印。所以,尽管我更喜欢禅或禅宗闭关的简单质朴,但我还是决定去参加一下。我特别想再试一试蒂潘的问题:"在宁静中安住的心和在念头中流转的心有什么区别?"我认为在正式闭关的帮助支持下,应该会更容易一些。我将在我的小屋里独自待上一个星期,然后直接去威尔士。在正式闭关前先自己禅修一周肯定有所帮助。

在家的那一周挺冷的,也很艰苦,但练得很好。随后我满怀热情地开了三个小时的车,来到那个熟悉的老院子里,有一种很愉快的感觉。曼威德似乎在欢迎我进入轻松的正念,我期待着这一周的到来。我必须忘记去期待什么。

第一天的打坐是个可怕的打击,我发现禅修很难,而且这种例行公事令人厌烦。与我习惯的每坐半小时休息十分钟不同,这次是长达一小时的静坐,其间要么只有轻微的停顿,要么是在进行完全不同的活动,比如诵经、观想(visualisations)和其他仪式。院子里没有愉快的散步,禅堂里没有放松四肢的活动,也没有慢慢加深的练习。一方面,整整一个小时对我来说太长了,长到令我无法保持注意力集中;另一方面,休息时间里的活动和人太多了。像往常一样,有些人不会陷入深深的静默,甚至有些人会在休息时开始聊天。所以在下一个小时到来的时候,我就变得心烦意乱了。第一天结束的时候,我发现自己禅修比上周少了很多,但却觉得更难。

我想回家。

更糟糕的是,我又当起了厨房助理。我**讨厌**当厨房助理;切菜、上菜。对于当天的食物,你必须听从指示;你必须和那些似乎想要边切边聊天的人一起工作。要保持正念实在是太难了。我唯一有点喜欢的就是洗锅碗,独自一人在水边,慢慢洗。我喜欢户外工作,清理院子里的羊粪,拔谷仓后面的荨麻,或者几乎任何能让我在外面新鲜空气中做体力活的事情,远离其他人。但是我们不应该**喜欢**我们的工作。它们在任何情况下都是练习正念的机会;要能平等平静地接受所有的任务。

我讨厌成为厨房助理。

更糟糕的是睡眠不足。这些天来,我不再产生多年来折磨我的令人恐惧、恶心的幻觉——那些曾经困扰我困倦心灵的强奸、残忍、酷刑或腐烂的场景;但我会昏沉,我的眼睛无法再安静地停留在地板上。这种睡眠剥夺似乎毫无意义。在"昏沉"(睡着)和"掉举"(过度兴奋)之间,似乎有一扇机会之窗,进入这扇窗后,清晰的禅修就会降临。前面一整周,我就愉快地拥有一扇这种巨大的窗,那里有足够的空间让我去努力或放松一下。现在,由于睡得这么少,如果有的话,窗户也只是开了一道细微的裂缝。我觉得我只是在与昏沉作斗争,这是在浪费宝贵的练习机会。我来这里是研究蒂潘的问题"在宁静中安住的心和在念头中流转的心有什么区别?"来的。但到目前为止,我还没有得到片刻的安宁。

我虚弱无力,是个失败者。我想象着一定有一些很好的理由需要剥夺睡眠,我完全在自欺欺人:我上周所做的工作总有点价值,因为真正的僧侣和严肃的佛教徒知道,真正的洞察力来自于在筋疲力尽中制服心灵。在这种情况下,我必须更加努力。但我不能。我太累了。然后我想也许这是错的,我应该对自己所学到的东西更有信心。我就这样继续下去,忍受着睡意,跌跌撞撞地捱过一个又一个小时,承认自己只是个初学者,必须继续坚持。

今天早上在院子里,约翰说:"到曼威德来不是意味着来苦修。享受吧!"这就是一种苦修。我享受不了。

但是我得到了一份新工作!原来被派去照看厕所的人显然都应付不了,约翰知道我能应付。所以,我又回到了在孤寂和寂静中照料双拱顶、尿液分流、堆肥式的厕所;检查管道、清洗座位、拖地,看着每一块瓷砖被清理干净。

吃早餐时,当我们都在吟诵着每餐前短暂的祷告时,我突然注意到一些我以前从未注意到的东西。我们念道:"当我们与食物合而为一,我们与宇宙融为一体。"我现在知道那是什么意思了。这就是我上周所做的——把自己投入到世界中去,成为宇宙而不是成为一个观察宇宙的人。我步履沉重地走着,只是略感鼓舞。

现在我们都拿到了来自那熟悉的旧书《蒂潘的笔记》的复本,我渴望深入参究这些问题,但我有些惊讶地发现,除了那些让我着迷的问题,书中还有很多其他东西。约翰显然完全专注在其他事情上,今天早上,他的每日演讲讲的都是生命就像一串珠子。

文本里解释说:"生命表现为无止尽的念头、感受和事件的序列",并建议我们扪心自问:"不是吗?"接下来的任务是观想珠子,让它们开始变得透明,从而看到之前没有观察到的东西,也就是里面的细线。这条未被观察到的细线被描述为"纯粹原始认知"。

我顺从地问自己:"不是吗?"我想是的。生命通常就是这样表现的:无穷无尽的序列。这就是威廉·詹姆斯的"思维流、意识流,或主观生命流"。这就是安东尼奥·达马西奥的"脑中电影"。这就是丹·丹尼特"笛卡尔剧场"中的秀。这些思想家之间的区别在于,对于詹姆斯和达马西奥来说,流或电影是意识科学必须解释的东西。但对于丹尼特来说,这完全是错的东西,因为无论是秀还是观众都无法在大脑中找到,而大脑却是唯一可以寻找它们的真实地方。所以,在丹尼特看来,无论我们的科学需要解释什么,都不是这些。经过这么多练习之后,我坚定地站在丹尼特一边,大概也站在蒂潘一边。是的,生命表现为无休止的念头、感受和事件序列,但它到底是什么?很多珠子?串在一条线上?

我利用接下来一个小时的禅修来观这个比喻,并得出结论,它不是一个好比喻。这些珠子根本没有排成一串,因为它们不是在一维时间里,一个接一个地发生在一个人身上。这对上周整个星期都待在家里的我来说是显而易见的,那时每当我问自己"我刚才意识到了什么?"时,我发现在我注意到它们之前——鸟儿在花园里歌唱,建筑工人在隔壁敲敲打打,远处格洛斯特路上车辆的嗡嗡作响——整条体验流就已经在发生了。

所以我又练习了一次:这一次,吵吵嚷嚷的羊,烦躁的人们,还有炉火的噼啪声。这些思绪线并不是一个接一个出现的,而是在任意时间和地点突然出现,带着它们自己的时间和空间感,以及它们自己的观察者。看到这一点,我放弃了"有一个在中心体验的我"这个观点,随着许多思绪之流起起落落,它们的观察者也随之来了又走。那么问题自然就来了,它们从哪里来,又要去哪里?这需要探究。

所以它看起来一点也不像单独的一根线。相反,无论它是什么,从中产生的都是体验的多重思绪线。我猜蒂潘问我们"不是吗?"就是为了让我们去看看。

又一个小时过去了。我开始认真观。我还困着呢;还在挣扎,但我得试一试。不知何故,当我观察事物从何而来时,我似乎被按着紧贴着这个世界。这是我能描述它的最好方式了。我知道我就是这些体验,所以我全身心地投入其中。然后,在某种特殊的方式下,我似乎直接碰到了它们。就好像"我"在贴着外部世界的轮廓。我正在紧贴着这一切。

这非常奇怪,因为要明白这么说意味着什么并不容易:比如什么是紧贴着夜晚黑暗炉膛中闪烁的炉火的轮廓,或紧贴着鸢的突然叫唤的轮廓,或紧贴着香的气味的轮廓,或禅堂外蓝色山雀的啁啾声的轮廓。不过这已经是我能给出的最好的描述了,然而是什么被按着紧贴着这一切呢?当然是空性(Emptiness)。它是一个无物存在的空间,而从它之中无论产生什么似乎都可以成为我。它就像镜子,我能理解为什么用这个比喻,但镜子是平的,而它不是。它就像我成为了这个世界的轮廓。

在片刻的猜测中,我好奇这是否与那个奇怪的禅宗概念"本来面目"(original face)有关。这个词来自于我经常听到但从未自己参究过的公案:"何者是父母未生前的本来面目?"也许我之所以想起这个,是因为感觉自己的脸紧贴着不断变化的世界轮廓。我也想知道这和"纯粹原始认知"(pure pristine cognition)有什么关系,因为这才是我要观的。这个紧贴着世界的空的、黑暗、鲜活和无限的自我,是一种原始的知吗?我甚至不确定"原始"是什么意思;我猜是"清洁"或"清澈"之类的意思吧。我一直用这种观点练习,观想着念珠,似乎有什么事情正在发生。我可以问问约翰吧。

第二天我就有机会了,那会我们都有面谈。这次都是非正式的,不是一个有规定的行为和询问的正式禅修访谈。所以约翰和我就舒舒服服地坐着,聊着我上周的进展,聊着我在这里的日子有多难熬。

最后,我问他:"这条线和本来面目一样吗?"他说"是的",所以我被鼓励要坚持下去。

情况正在好转。我正在学习如何玩转这个系统,并利用每一个休息时间睡觉。我设法在白天睡三次每次半小时,而且我真的睡着了;直接进入那种美妙的、难以形容的坠落感,然后从生动的多重梦境中醒来,回到工作中。我甚至可以享受这些仪式——他们对复杂神灵以及他们多方面的智慧、慈悲和爱的疯狂观想。我很清楚,对我来说,练习中的观力或慧力比慈悲来得更自然,但我确实开始看到它们之间的联系。我们被告知把慈悲想成是"共情他人的悲伤",把爱想成是"共情他人的快乐",这真的让我震惊。奇怪的是,它几乎可以立即投入使用。

我们进行的祈祷不仅包括吟诵,还包括大量的敲鼓和吹号(不,我不相信有任何实物可以用来祈祷)。约翰甚至有一个用人的大腿骨制成的骨笛,它发出可怕的、悲伤的声音。另一个女人得到了镲来演奏,我很嫉妒。我想痛击它们,制造这种可爱的噪音寻开心。但我想起"共情他人的快乐"这个观点,突然我发现我可以很享受她所做的事情中显而易见的快乐,然后我变得一点也不嫉妒她了。

到了晚上,我终于平静下来,能开始思考问题了,开始对比安住的心和在念头中流转的心。像往常一样,我从让自己的心静下来到能看到念头从寂静中升起开始。然后我问它们有什么不同,这时我突然注意到一些非常明显的事情。事实上,我以前也经常注意到它,但没有明白它的意义。那就是,当你抓住这些麻烦的念头时,它们似乎已经持续了一段时间。这总是让我很恼火,我的策略是回归平静,试着更加仔细地观察,希望它们一出现我就能看到它们——一开始就抓到它们。我曾以为诀窍必须是足够的正念、足够的开放,这样每一件发生的事情就都能被瞬间捕捉到,从它一进入觉知开始就被观察到。

现在我要用一种完全不同的方法。啊哈——当然——在这方面,念头完全与知觉一样;它们就像火焰的噼啪声,香的飘散,或羊的咩咩声。当你注意到它们的时候,它们已经发生了一段时间了,又感觉好像有人已经在思考它们了。这人是谁?这么看意味着我可以对念头运用同样的策略,即同我上周对知觉所做的一样。事实上,我当时就想试着用念头来做这件事,但也许是不太确定它的价值,当一切都显得太快和太混乱时,我没能坚持下去。但现在,如果你的心慢下来了,很明显这就是我们要走的路。

第一步,参考我从知觉中得到的线索,就会看到我就是念头。

我吓了一跳。我太吃惊了,就这样坐在那里,一副震惊的样子。

我记得要保持"无功用道"的指令,所以我就坐在那一段时间啥也不干。我所看到的东西已经明确有了观的特性。我突然想到,这种观是自发产生的,我不知道它意味着什么。因此我必须坐下来看看。这就解释了蒂潘的文稿中所说的"认识和体验观力"的顺序,我以前看到还觉得很奇怪。我曾以为你必须得先体验它,然后才能识别它。但事实恰恰相反。观是一瞬间的领悟。然后你必须安静地坐在它旁边,接受它提供的新视角。我坐着体验着无功用道。

过了一段时间,我开始领悟为什么"我就是念头"这个想法如此令人吃惊。我想到了威廉·詹姆斯和他的著名论断:"**思维本身就是思维者**,心理学不需要看向远方。"我读过无数遍,把它教给学生,抄写过无数遍,但直到现在我才明白他的意思。这确实是一个激进的举动。他是在 19 世纪晚期意识到这一点是很不寻常的,大概没有禅修的帮助。

除了思维之外就没有思维者,这个观点惊人地反直觉。在我这么多年的禅修练习中,我总是想象自己是思维的思维者(我必须停止思考),或者想象这些念头是别处来的模因(我必须忽略它们)。所以我总是把念头当作一个问题,或者是需要处理的东西。现在,我不再与它们斗争或观看它们,我只是**成为**它们。

还有更多。把我之前的知觉练习应用到念头上,我可以做下面的事:注意到一个念头,承认它已经持续存在一段时间了,接受我既是思维又是思维者,并且已经存在一段时间了,允许它们存在,允许它们消失。这让我忙个不停。几个回合过去之后,这让"保持在无功用道的体验中"变得很自然。

顺便说一句,我看到了蒂潘问题的答案:在念头中流转的心和在宁静中安住的心没有区别。但我怀疑这在任何意义上都不是最终答案。我怀疑"念头是如何产生的?"这个问题是个同样的把戏。你不应该去找答案,因为你找不到,但是寻找的过程锻炼了观力,只要你不知道答案,你就会一直观。

今晚有霜冻,几近满月。

第三章 禅之十问

这是最后一个整天了,我感觉要感冒了。所以我又一次觉得坐不住了。

在晨间演讲中,约翰讲述了大圆满老师巴楚仁波切(Patrul Rinpoche)和他的弟子纽舒龙德(Nyoshul Lungtok)的故事:在寺院高处的一个闭关处,老师让他的弟子躺在地上,和他一起仰望天空。"你听见寺院里的狗叫声了吗?"老师问:"你看到天上闪烁的星星了吗?就是这样!"他说道。就在这一刻龙德开悟了。

约翰解释了这个故事,他说那个僧人肯定就在那"在当下时刻的面前",这样他才能发现"觉知的觉知"。但对我来说,这个故事暗示了一种完全不同的解读。狗和星辰的例子正是我所说的"思绪线的回放"。我想象着,那个僧人躺在草地上,头顶是广阔的天空,在他的注意力被狗吸引的一瞬间,他会同时体验两件事。第一,他会觉得自己好像才刚刚听到狗叫声;第二,他会发现自己或某人、某个东西一直在以某种奇怪的方式听着狗叫声。他会惊讶于那是谁在听,从而摆脱了有永恒自我的错觉。

人们描述这些体验的通常方式是围绕着一个持续的自我;大概是这样:这里的"我"正在关注天空并感受到草地在我背后,突然"我"的注意力转移到狗叫声上;狗叫声先前并不"在我的意识里",但它现在在了。事实上它似乎一直有被体验到,但被忽略了,或者还可以被解释为是大脑的某些无意识部分注意到了它,然后它就"进入了意识"。这种解释需要两个非常棘手的观点:第一,一个有意识的自我,第二,事物能进出意识。

我一直在努力摆脱这些。这就是为什么我会在禅修和正念活动中,一遍又一遍地探索这些思绪线的回放。最终,我的实践可以归结为:注意新的思绪线和它的观察者,接受这个新的体验就是我,允许它的产生和消失,放下先前的任何思绪线及其观察者,随它们走,等等。这些可以几个同时发生,但它们没有据点。

根据我的经验，最难的部分是"放下"（letting go），但它总是如此。这种练习有一种很奇怪的特性。自我似乎融入到了多重思绪线当中，这样就不再有一个"中心自我"（central self）可以把它的注意力从一条线转移到另一条线上。所以也就不再有"串珠子的线"，或"意识流"，或"脑中的电影"，但会到处都是共同涌现的体验和体验者，而不是某个特定的人。这更像是丹尼特的"多重草稿"。

抓住一个处于这一切中央的"中心自我"是很诱人的，但通过练习，更容易无视这种强大的吸引力，只会继续知而不随。不可思议的是，肉体似乎运行良好，而体验着的自我只是起起落落，无人主管。

这个过程需要大量的描述，可能会给人一种印象，这是一个极度智力的练习，但它不是。它开始于一个智力决定，但那只是动机。练习本身就是一系列（我尝试过的）内在动作，就是不断地练习，直到它们变得容易。过一段时间之后，它们对消除成为一个存在于任何特定时间或地点的中心体验自我就会有效果了。

现在我疑惑约翰的解释是否合适。"在当下时刻的面前"需要一个"当下时刻"，而我现在已经放弃这个了。我可以很容易地把它找回来；通过把几条思绪线绑在一起，然后坐在它们中央，总能建构一个"当下"出来，但这就是全部——是一个建构——一种抓住某个瞬间并将其称之为"当下"的抓取。我认为，更好的做法是，接纳并发现还有一个你在倾听外面的鸟叫，这个活动的进行从那个人造的"当下"的角度来看，应该算是同一时间。这完全是一个视角的问题，而且似乎在任何不同时间地点都可以有多重视角，而不是单个在"此时此地"的观影自我。

考虑到这一点，我怀疑是不是我错了，因为我从来没有真正达到完全的正念，而且随着越来越多的练习，我可能会变得如此专注当下和如此开放，以至于没有更多的思绪线可以找到，而我将真正进入"当下"。也许这就是那个僧人该有的样子。我可能会在将来探索这个问题（一次做一件事！）。但就目前而言，我认为这难以置信，因为似乎除非你死了，否则总会有越来越多的思绪线。

那么"觉知的觉知"是什么呢？我弄不懂这是怎么回事。当然，在我上面描述的体验中,潜伏着一个谜团:它们都是从哪里来的?我想我还有很长的路要走,但到目前为止,我瞥见的似乎是一个虚空,思绪线从中无穷尽地来来去去。它们不会在特定的时间和地点来来去去,不仅是因为它们的起源是无形的,而且时间和地点对它们来说是内在的,并且随之一同来来往往。所以会有这种奇怪的感觉,它们的出现和消失是没有时间地点的——外面某个地方有一个鸟鸣的世界——哦,当我说到这时,那边角落里的炉子一直噼里啪啦地响——而手仍然在那里,一直……但不是按顺序的,不能互相比较,不在同个统一四维时空里,仅仅涌现自……嗯?

无论这些是什么,"觉知的觉知"这个短语似乎不能很好地描述这一切。它看起来更像是一种虚空(void),或一种空性(emptiness),或一种可能性的巨大空间,同时"觉知的觉知"还召唤出了一个高阶觉知的概念,后一个觉知比前一个要高;而这和我发现的正好相反。

我在黑板上写下我的名字,要求与约翰面谈。

也许我太挑衅或太咄咄逼人了——但是我很兴奋。我想要了解。我想知道这个僧人和这个故事的真正含义。所以我试着解释为什么我认为约翰的解释是错误的。

约翰专心地听着,然后给出了他的观点:我在技术上是正确的,但是我想的太多了,用的言辞太多了(之前我就已经被告知过多少次了!)。

我又试了一次,但他似乎被我坚持的做法激怒了,并试图用一个简单的问题来诘问我。

他说:"例如,苏,你现在就在这儿在这个房间里吗?"

"不在。"我回答道。当然不在。如果我没有经历过这一切,那么最终结果就是我仍然觉得自己是某个有意识的人,现在正坐在这个房间在某个时间和空间的坐标上。事情已经不是那样的了。我已经非常习惯注意这些思绪线了,让一个自我进入到任一其他几个自我中,然后把它们都放下,让整个事情顺其自然地流动,所以我无法深信不疑地说"在"。

约翰说我一定是在的。所以我试着解释：我说没有"现在"这个东西，除非我建构一个，但总的答案应该是"不在"。

他一直在争论，在我看来没有必要再纠缠下去了。我自己心里很清楚，我只是在说真话。于是我站起来，深深鞠躬，向门口走去。

当我的脚踏出第一步时，他叫我"站住"。

我转身往回走。我们更仔细地把整个事情谈了一遍，并同意保留不同意见。他给了我一个"红牌"，警告我不要想太多，我相信这是一个好建议。我告诉他，我会听从他的建议，继续在"无功用道"的情况下参究，正如我现在所做的那样。但我必须承认我感到了迷惘。

我知道我想的很多，而这在传统禅宗中是不允许的。但在我看来，这只是完成任务的一种方式，一种适合我的方式。真正的考验是，过程结束时的观点是否比开始时的观点更清晰。我认为是这样的，但约翰说这只是"技术上的正确"。如果是这样，那么用来达到目的的脚手架就可以安全地丢掉了。当然了，它是一个智力上的脚手架还是其他类型的脚手架这不重要。一旦被丢弃，就不再需要它了，不需要它再遮蔽观点。

这次遭遇搅动了我的心，但它又安定下来，那天晚上我在日记中写道："一切产生的同时也在消亡——朝我走来与我面对面，却总是遇到一个不同的我，或者一切只是从我这产生？……在剩下的一小段时间里，我将继续参究下去。"我是这么做的。

在开车回家的路上，我发现了一些全新的东西。我决定把注意力集中在开车上，来练习一下过去两周我已经练习了很多次的技巧，注意到并放下回放的思绪线；只不过这次的对象是引擎的呜呜声，风呼啸而过的声音，以及我的手臂不知从哪里伸出来出现在方向盘上的景象。

结果就是我在寂静中开车，周围的一切都在发生，但完全没有念头。

我记得一周前,我在好奇是否真的有可能没有念头。我判断这是可能的,但我不明白,没有"我现在在思考吗?"这个念头,你怎么知道你有没有念头?现在我正在不思考地开车,同时也观察着不思考。

我把这称之为"倾听寂静"(listening to the silence),虽然这似乎不是一个完美的名字:有点像在倾听寂静的空间,思绪线从中产生。这个无处之地逐渐变得越来越明显。

如果有人问我:"苏,你此时此刻在车里吗?"我将不得不说"不在"。

问题九:我正在做什么?

此刻,我正坐在小木屋外面。现在是夏天了,天气足够暖和,我可以把垫子和凳子放在石板上,坐在外面的花坛前面。

一只画眉在车库屋顶上歌唱;另一声应答从我身后的某个地方传来。有许多鸟在歌唱,现在我开始注意到它们,甚至有一只海鸥在高空尖叫。"布里斯托尔离大海和海鸥不远"……随它去吧。无数蜜蜂和苍蝇在花丛中飞来飞去,发出嗡嗡声,勾勒出我周围的声音空间。阳光照在我的手臂上很温暖。我静静地坐着,心里平静下来。

我不知道自己在这里干什么。我是自愿选择待在这个地方,像这样坐着的吗?这其中有多少是我自己的自由意志?有多少是我做的,又有多少是刚好发生在我身上的?当我准备好了,我会研究看看行动意味着什么。

我正在干什么?我正坐着。也就是说,这个身体已经在这里坐了很长时间了。但这真的算是我做的吗?

我正在呼吸。是的,不管我愿不愿意,我的呼吸都在进进出出。我可以看,或者不看,我可以决定加快呼吸或者屏住呼吸。但现在呼吸只是来了又去。没有人驱使它们。

我正倾听着鸟鸣和蜜蜂的嗡嗡声。但我没法不听,这感觉很被动。声音有起有落。我不会努力去听它们，也没有回应它们，因为我的心已经安定下来了。所以那算是我做的吗？

这是一个奇怪的问题。问我在做什么似乎会把我冻结在不做的瞬间；由此问而不知道答案。我刚才正在问这个问题，但现在……？

我坐着，不做什么，思考着。我正在做什么？

如果我选择，我可以做别的事，不是吗？啊，是的，似乎是这样。这是拥有自由意志的本质，没有自由意志，做任何事都没有意义，不是吗？

我一动不动地坐着，就像我在禅修中应该做的那样。但如果我想的话，我可以举起一只手，或者大声鼓掌，或者摇铃，或者站起来走开，或者跑到马路上大喊："我是自由的。我可以做任何我喜欢的事情！"

好的。我将鼓掌。

鼓掌。

我做这些是自由的吗？不是为了别的原因，只是我有意识地决定这么做吗？

可能不是。我想鼓掌是因为我在问"我正在干什么？"，然后四处寻找事情做，以禅修的姿势坐着的时候，不是很多事你都可以很容易做到的，不管怎样，鼓掌在禅宗中有很长的历史渊源，所以它很可能是这个时候大脑选择的一个候选者，不管怎样，所有这一切都可以追溯到今天早上我为什么坐在这里的原因，可以追溯到……

好的。好的。我放弃了。我可以追溯发生这件事的无数可能原因。但即便如此，用常规的话来说，我会说我鼓掌了，而不仅仅是这个身体鼓掌了。真的吗？如果是真的，那我这样做是出于自己的自由意志吗？

我在这个问题上思虑过度了，这也许并不奇怪。自由意志被认为是有史以来最具争议的哲学问题，我读过很多相关的哲学著作。

几千年来，这个基本问题在西方哲学和佛学中都已经很明显了。宇宙似乎是因果封闭的。也就是说，所有发生的每件事物都是由其他事物引起的。没有事物是由因果网之外的神奇力量介入而发生的,因为一切都是相互联系的。

这意味着自由意志的观点没有任何意义:我可以不带任何先前的原因,仅仅因为我想做某事,就跳进来有意识地决定做某事,这样的想法毫无意义。如果这种情况真的发生了,那将是一种魔法,暗示着有意识的行为存在于相互联系的物理网络之外。但我觉得我似乎可以自由行动。事实上,这种神奇的观点可能是大多数文化中、大多数人对自己的看法,想象一个非物质的精神实体,它有愿望和欲望,可以思考和计划,并且可以通过对世界采取行动来实现这些计划。但是没有魔法,非物质的东西就无法在物质世界中行动,而且我们对大脑如何工作了解得越多,有意识的心智能够通过魔法介入的空间就越小。我们回到了笛卡尔从未解决过的二元论——后来也没有人解决过。

在禅宗和早期佛教文本中,没有与西方自由意志概念等同的东西,但有很多关于做和不做的东西。开悟之后据说佛陀觉悟到,在任何时候,所有的现象都在一个相互关联的因果网络中共同产生。这被称为"缘起"(dependent origination)或"因缘共生"(dependent co-arising)。任何事物都是其他事物的一部分:无物能拥有自己的自性而独立于其他事物,包括人。如果是这样的话,那么没有人能够独立于其他事物而行动,因此"行为存在,其后果也存在,但行为者不存在"。

为了解决自由意志问题,哲学家们想出了各种各样的方法来重铸这个问题;例如,如果行为和选择不是被迫的,就将其视为自由的,并寻找自由行为可以与决定论相兼容的方法,但是我想坚持"自由意志"这个短语的日常意义。也就是说,感觉好像是"我"有意识地引起了事情的发生。从这个意义上讲,纯粹从智力上来说,解决方案似乎是显而易见的。即没有这种自由意志。它没有意义。

那么该怎么办呢?很多人会得出类似的结论,然后说:"但是我不能不相信自由意志而生活,所以我就表演得'好像'存在自由意志一样行动。"这似乎使他们感到满意。

但这不能使我满意。我不准备过着假装世界并非如此的生活。所以我在这方面很努力,无论它何时出现,我都要系统地去挑战一下拥有一个自由意志的感觉。现在它很少能抓住我,行动似乎是自己发生的。即便如此,仍有进一步探究的空间,所以我怀揣着一丝热情,抽出时间来研究做行为、决定和行动是什么样的感觉。

我坐在我的小屋外面,即使是仲夏,早晨的空气也是新鲜和清冷的。我面前的小野菊花被清晨清澈的阳光逆光照亮:小而白,有小小的黄色中心。在开始回答今天的问题之前,我已经让我的心平静了半个小时。一只猫坐在我旁边;另一只坐在果园对面的椅子上。我的眼角余光看到一个东西在动,虽然很大但是看着像猫。但我的两只猫都在这里。"随……"

那是什么?

我不能,也不愿抗拒。我转过头去看。

一只狐狸悄悄地溜进了它们中间。

我不应该那样做。我本应该一直看着下面的花和草。这是自由意志吗?当然不是。狐狸的动作和我自己的好奇心促使我这么做。呃?"我的"好奇心。是我干的吗?

还没完。我回到了安静地坐着的状态,但思绪开始涌上心头;几年前,布里斯托尔的狐狸全部灭绝了,现在它们开始来到这里……"随……"

你看,你在这儿。是我干的,不是吗?是我跳进去说"随它去吧……",然后这些念头就消失了。但我马上知道这不是真的。这句话是我几十年前从约翰那儿学来的。那个模因,那句"让它来,由着它,随它去"。在我第一次开始禅修的时候他就传给了我这句话,从那时起它就一直在我的脑海里盘旋。但后来我选择记住它,而不是忘记它,或者拒绝它,或者告诉自己这很愚蠢,或者其他一些我可能会做的事情。所以继续使用这个技巧是我决定的,不是吗?

不,不对。拒绝或接受的原因是我的个性、我的基因组成,一路走来我收获了其他模因,还有环境的力量。这一切造就了现在坐在这里的这个人,然后当她的念头开始喋喋不休地低语"随……"它们就停止了。

那么我是从哪进入的呢?这一切都与我有关。对我来说,有自由意志意味着我自愿做某事。那么我是谁?

啊。这是一个熟悉的例子。我要静坐一会儿,看看谁在这儿。也许然后我就能看到她是否在做什么了。

她在这里;无头的身体上长满了草和漂亮的白花。她坐着不动。

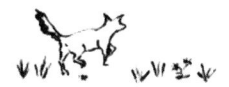

我有"自由意志"(free will)吗?我听到了这几个词语。我问。我被难住了。

也许我需要做一些更简单的事情,它包含对自由意志有绝对的最低要求,那就是我确实在做事。我必须回到这个简单问题上来。

我正在做什么?

我可以坐着。我可以保持冷静和清醒,然后问:"我正在做什么?"

我坐着。有嗡嗡声在继续;猫不动。

我坐直了。但这未必就是我主动做的。这是一个长期练习的习惯,身体只是进入那个姿势并停留在那里。也许说"我的身体在这样做"是有道理的;但是,这算是"我"在做吗?

好吧,我正在努力。我集中注意。确实很努力。的确,这就是禅修的全部任务;你必须待在那里,一分钟又一分钟,一小时又一小时,持续专注,不要滑脱,不要被恐惧、幻想或想象的对话所分心。你必须努力集中注意力。我现在正集中注意力。现在。

这就是关键,不是吗?如果我不付出努力,它就不会发生。这是意志力的努力;是艰苦的工作。我是凭自己的意志去专注,时时不断,持续专注。这是艰苦的工作。所以这就是我所做的。这份辛苦的工作和我感觉自己所付出的努力,证明了我正在做一些事情。

但奇怪的是,我意识到,努力工作并不能证明这一点。当我坐在这里时,我想起许多年前我第一个孩子的出生。她的头太大了,或者是别的什么东西不太对劲,我生了超过 24 小时。这是一项非常艰苦和痛苦的工作。我意识到,这就是为什么它被称为"劳动"。谁在努力呢？我有一种特别的感觉,我在做艰苦的工作,但我别无选择。我不能说:"不,我不想要这个孩子。"我不会这么做的。我的身体完全自己会做。这是我这辈子做过的最辛苦的体力活,但实际上我还是有不愿意的。劳动本身应该是自愿的。这是主动做,又不是主动做。

回来吧,回到花园,静静地坐着,专注。

努力干并不能证明这是一个意志问题,也不能证明我正在做这件事。那么我正在做什么呢？

我又坐着不动了。我可以看到更高的花,白色后面是粉红色,一棵苹果树的树枝在凉风中摇动。我感受到风。

我做了这些吗？我正盯着它们,并看到它们了吗？是视觉做的吗？

是的,但是没有它们我也看不见。它们做得和我一样多。谁在动——是我还是它们？这个移动是在我的心里呢,还是在外面的世界里呢？

向内回转的技巧再次展现出来。这里有花,还有腿、胳膊和半个鼻子,然后本来应该是我在的地方,现在却只有摇摆的花和苹果枝。不是我一个人做的。这是一个整体。看、见、摇摆都是我们一起做的。事情就这样发生了;而宇宙在做它自己的事情。身体继续静坐着不动。树枝不停地摆动。

9 点钟响。禅修结束。她鞠躬。她起床。

是我做的吗？

我感觉怪怪的。我已经习惯了这些心理策略,但它们仍然具有深远的影响。

我站起来,专心地走着,不去假设我在做什么。腿在走,花坛在我该在的空间里滑过。

有树莓可以摘来当早餐。一只手伸出来,一次又一次。它可以选择这个灌木丛,也可以选择那个灌木丛。它选了这个,直到采够了为止。该进屋了,但她会走哪条路呢?

我喜欢造路,在我们家花园里就有好几条不必要的弯弯曲曲、毫无意义的小路。事实上,我有三条路可以走,一条是有低矮的树枝可以钻进去,另一条是杂草丛生的窄路,最后一条是干净但长一点的路。我该走哪条路?我试着抓住自己做决定的动作。一切变得慢得可怕,我抬起一只脚悬浮站着,看看我是否能抓住自己的心。如果我能抓住这个瞬间,或者观察到这个过程,我可能会发现自由行动是什么感觉,并且知道我真的在做这件事。一只手伸向刚刚发现的熟树莓,两只猫突然在它们进屋的路上跑了过去,一只脚已经跟在它们后面了。它们来到墙上那个我进屋前经常抚摸它们的地方。手伸出来,毛很柔软,猫的头压在手上。

所以她肯定已经决定了走那条路。

这似乎就是所发生的全部了;很多决定都是由无数个相互影响的事件决定的,在那之后,内心会有一个小小的声音说"是我做的","是我决定做的"。

有必要需要这种事后才说的声音吗?

我必须得观察更多。

我有自由意志吗?

没有。我与构成我的世界的知觉、思想和行为并没有分离。而如果这个世界是什么样子我就是什么样了,那么我们就同在这个共在中。我和世界,世界/我正在做所有这些动作,而这些动作看起来都是自发的。

救命!

求助。这当然就会意味着我没有责任。这很可怕。如果我不用负责,那么……

我的思绪回到许多年前,当我第一次练习正念时,我发现这种恐惧。我们住在奥地利一个湖边的露营地,我和孩子们在一个小沙滩上。那天天气很好,这个地方很安静,除了刺耳的无线广播,非常烦人。

我知道在这种情况下我通常会怎么做。我会很烦；我会生气；我会考虑营地的规章制度，考虑告诉管理员关掉它，一想到要这样做就感到很不舒服，看看他的纹身，担心如果我走近他，他会怎么做；想着如果我是一个真正的佛教徒，我应该感到同情而不是愤怒；想象着如果我是一个好的禅修者，我应该不会介意噪音，然后试着不介意，但失败了；等等。

后来到底发生了什么？很多这样的念头产生了，但每个都碰上了"随它……"然后失败了，离开我脚前的草地，孩子们正在做泥团，当我加入其中的时候，感受着泥土在我手上、鸟儿的叫声、广播的声音，走过草地我走到沙滩上，停了下来，我的声音（用上我能用的最好的德语）说："对不起，你的收音机太响了，你介意把声音关小点吗？"那个男人愁眉苦脸，喃喃自语，他的手伸向了收音机，草地然后泥土和石头又退回我脚下，还有泥团和孩子们。

过了一段时间，我注意到他走了。我开始怀疑我是否做了"正确的事情"，但"随它……"，然后又回到了对我脚趾上的水的感受上。片刻的思考就足以让我意识到，为该做什么而苦恼是无济于事的。世界总结了各种选项，选择了一个，执行了它，然后继续前进。这次行动是我以前一切所学所做的结果。那是很久以前的事了。现在，一如既往，一切都好。下一个现在也是。

深呼吸。再观察看看。整个世界都在说："深呼吸，再观察看看。"这个完全合理的回答并不是来自内心一个叫"我"的小东西；它来自某个地方，我不知道是哪里，来自这个身体、这个大脑过去的所有动作，以及它们所经历的一切。它恰好发生了。好吧。这种反应并没有什么问题。

那一直都是这样吗？我能信任这个世界和这个身体在我不做任何事的情况下能自己做所有事吗？我惊恐地意识到，向这个世界交出自己，接受动作的发生，我就已经放弃了所有的个人责任。它消失了。我再也不能相信它了。不再有人做决定。决定都是它们自己做的。我刚从小屋走进来，喂了猫，吃了早餐，一路上做了一大堆小决定，所有这些都伴随着警觉地注意着正在发生的事情，但没有我自己做了这些事的感觉。

所以这看起来很对。这似乎是事情真实的样子。

但是责任呢？

我从十几岁就开始思考这个问题，当时我第一次发现自由意志一定是一种错觉，但只有经过多年的禅修，我才敢直面这个问题。

当时我正在曼威德禅修，并密集地练习着。我们那周的老师是瑞布·安德森(Reb Anderson)，一位从(美国)加州来的禅师，在训练过程中，他逼得很紧。当"做"的错觉开始松动时，我开始害怕起来。世界正在渗入我的身体，而我正在分崩离析到世界中去。我在演戏，又没在演戏。这种没有演员的动作流畅感也感觉非常自然，但一旦当我开始思考它时，我就遇到了问题。求助！那责任怎么办呢？在这样的世界里，不可能有什么责任。

我报名参加了面谈。禅师是一个令人印象深刻的英俊男子，剃了光头，穿着庄严的长袍，这是一个正式的谈话。我稳步走到面谈室，轻轻打开门，溜了进去。我按规定的方式鞠躬，按规定的姿势坐着，直视着他炯炯有神的眼睛，鼓起勇气告诉他我的想法："最后没有人对任何事情负责。"

他咯咯地笑了。

"是的，"他带着温暖而鼓舞人心的微笑说道，"**最终**，这是真的。"他似乎是在强调了"最终"，我想到了禅宗对"最终"观点和"相对"观点之间的区别，于是好奇是否还有其他方式可以使它不成立。

"那么关于责任我该怎么做呢？"我脱口而出。

"你要**承担**责任。"他说。①

求助，求助，求助！谁应该承担责任？"承担责任"难道不是要采取行动

---

① 几年以后，我再次见到瑞布，我们讨论了做和不做。他说他给我的"承担责任"的建议对我来说已经成为了一个公案，我曾经为之努力参究过。他说，现在他可能会说"无限地接受责任"。

吗？承担责任难道不是一种意志行为吗？它不需要有人来做吗？这不是自由完成的吗？不,刚才那个例子中是他让我这么做的,所以它不是自由的。但我可以拒绝……

那么是谁在拒绝这样做呢？我知道这里面没有一个叫做我自己的实体,所以承担责任难道不是创造了一个新的虚假的自我来承担这个责任吗？如果一个人知道确实没有自我,他为什么还要那样做呢？

我在兜圈子。求帮助。

多年后随着拥有自由意志的感觉逐渐消失,我想起了这个很有帮助的建议。

自由意志的错觉经不起我在这里给出的这种仔细观察。它会融化掉。我甚至感觉不到它的吸引力。人们有时问我是怎么做到的；我是如何放弃自由意志的,但我无法告诉他们。我知道我在智力上与它斗争了很多年,但是思考只会造成一个人理智上所相信的和世界看上去是什么样之间的不匹配。我从未对这种不匹配感到舒服,当逻辑和科学告诉我自由意志是不可能的时候,我不想继续像自由意志是真的那样生活下去。我不想活在谎言中,或活在半真半假、"好像"中。因此,这种巨大的智力怀疑促使我去直接研究决策是如何做出的,并审视最终构成自由行动感的基础的自我。

我不再有那种感受了。只是有时会有一个它的苍白影子冒出来——"哦,天啊,我得决定今晚演讲该穿什么",或者"我不知道是接受还是拒绝这份工作"。我乐于接受这个重新审察的机会,去研究做出一个有意识的决定是什么样的感觉,但那些专注并观察发生的事情的习惯,会很快驱散这种感觉。因为它没有什么可依附。

它是这样运作的。比如来了一封电子邮件:这是一个很棒的演讲邀请,在一个令人兴奋的遥远地方,参加一个有声望的会议,费用全免。我看了看我的日记。但我已经答应那天要和我的伴侣一起去参加一个家庭活动了,我知道他希望我参加。这计划了很久了。该怎么做？我必须做出决定。我是个可靠的人。我不喜欢让任何人失望。这次演讲是个极好的机会。不会再来了。但我已经答应了。

不,"我"不需要做决定。不存在一个内在的我能做这些。这一系列的事件是现实世界/我的游戏的一部分,决定也是。由此念头产生了,决定的感受也产生了,还有前后摇摆、权衡中前进的感受,这一切都仅仅只是发生的事情,如同经过的汽车和背景里时钟的滴答声。然后不管是今天还是三天后,决定就会以某种方式做出。最后手指会打字回复邮件,一切就完成了。然后呢?

然后我就要承担责任。我的意思并不是说有一个拥有自由意志的内在小我会这么做,因为那样会回到自由做了这事的错觉的无穷循环中。内在小我是虚构的。我的意思是只有那样后果才会随之而来,而我也会接受它们。如果有人告诉我这次会议有多棒,而我错过了,我不会因为"我"做出了错误的决定而生气。决定已经做下了。这就是过去发生了什么,现在就成了什么。如果有人因为我的自私和不参加家庭活动而生我的气,我会接受这种惩罚。这就是过去发生的事情,以及相应的后果。事情本来就是这样。我不知道它们是否会不同,但我怀疑即使是问这个问题也没有意义。事情就是发生了。

事实上,此刻手指正在敲击键盘,没有人在行动。我什么也没做。

那么,这一切的意义是什么呢?做任何事的意义是什么呢?

没有意义。

问题十:接下来会发生什么?

我会重生吗?我的身体死后我还能活着吗?我会去天堂、地狱或者别的什么地方吗?或者我的意识会像蜡烛一样被熄灭吗?消失?死亡?是这样吗?

这个问题的核心是关于自我的大问题:我是谁?因为如果我知道我到底是谁或者是什么,那么我就可能会知道答案。但我已经有太多寻找自我的经验了,以至于我知道我是找不到它的。我曾经通过观察体验来寻找正在体验的我,但只发现了更多的体验。我曾经问我是否和前一刻的我一模一样,但我答不上来。我也曾经观察被体验世界的中心,在那中央也没有发现我自己。我还曾经观察动作想找到是谁在执行它们,结果没有人在执行它们。

那么,为什么这个问题似乎仍然值得问呢?

我知道为什么。因为我想活下去。当我的孩子长大后,我想在这里。我想看看会发生什么。毫无疑问,我身上有某种东西想要继续下去。这可能是幼稚和自私的,但如果我是诚实的,我必须承认这一点。我不想被掐灭;现在不行,我死后不行,永远都不行。

我想其他人也有同样的感受,这就是为什么这个问题会在宗教和科学之间造成如此多的麻烦和分歧。

科学不需要栖息在身体里的精神或灵魂。脑中没有小人的容身之所,就算有也没它什么事。不需要一个内在自我来解释我们是如何知觉到事物或我们是如何对其采取行动的。有身体、大脑和世界就足够了。虽然科学不能排除这些超自然的可能性,但也没有必要去发明它们。从这个角度来看,死亡看起来必然也就是被掐灭了。

相比之下,大多数宗教都承诺某种个人救赎。印度人相信他们的灵魂会在未来的一系列生命中转世。基督徒和穆斯林相信,当他们的肉体死亡时,他们的灵魂将进入天堂或地狱。唯灵论者相信他们可以接触到死者的幸存灵魂。只有佛教否认灵魂或精气神的存在。这就是佛陀领悟无我与因缘共生的整体要点。然而,许多佛教徒,是相信个人转世的。这很令人困惑。但我不会纠结于教义上的分歧。我想直接观察。

我隐约觉得,我之前探索的那些多重思绪线可能会给我提供一些线索;这些看似已经发生的事情(或者发生在不属于我的人或事上)的思绪线回放,似乎有些特别。我再观察。

我坐在我的小屋里。隆冬严寒,不下雨,环境没有变化。我安定下来。有很多事情在发生。我坐在一旁,集中注意力。我开始注意这些思绪线,一条接一条,越来越多。

当我注意到远处车流嘈杂的背景声,一辆车驶过街道声音越来越大,然后又越来越小时,我在这里,(用语言)想着是时候理清思绪,静下心来了。感觉好像在我的意图自己形成的时候,已经有人在听那辆车的声音了,聆听它的起落。嗯。我坐着。有鸟儿在唱歌。哦,是的,现在我已经听了一段时间了。我还记得那悦耳的小调。它们大多是黑鹂,其中两只在争夺地盘,还有一些鸽子在吵闹中飞来飞去。有人在听着这一切。

闯入了锤子的撞击声和电钻的突突声,但没有打扰到我。有个人一直在倾听那些建筑工人的声音。但是坐在我旁边的猫被吓了一跳。它跳了起来,又坐了下来。是的,有个人知道它在那儿,在地毯上睡觉。我能记得曾经在那里感受过一段时间它的温度,尽管我也认为我是在它跳起来的时候才觉知到她的。

这就是我所要找的。这是一种矛盾的感受。我想研究一下这种奇怪的体验,看看会发生什么。

我给自己设定了以下任务。

理智上,我不相信有一个内在的自我在执行所有这些体验。然而,感觉上它仍然好像在。我还没有准备好接受这种可怕的冲突——在我的感受和我认为它应该是怎样的之间的冲突,而我已经做了足够多的智力辩论。所以现在我要观、观、观,弄清楚它是否真的看起来(或总是看起来)有一个我在体验着这些体验,并且这个我还是以前的那个我,也是将要在这里看到未来的那个我。

我坐着观思绪线。啊,路上的噪音又来了;鸟儿仍在隔壁的花园里歌唱；建筑工人仍在到处乱撞。但是烦人的事情正在发生。我意识到,当我观的时候,我仍然在以一个连续的我的视角思考,这个"我"依次意识到每条线：一个有意识的自我,首先注意到一条思绪线,然后注意到另一条。但这是错误的。我必须放弃这种假设,只是观。最终有个人一直在听鸟声这种奇怪的感觉,第一次给了我这个提示——决心深入观察,但我却无法忠实于它。

我再试一次。观和听。

现在,我又一次习惯了那种奇怪的感觉,有个人,不是我,感受到我的脚踝在地板上；有个人,不是我,在倾听着微风吹过树篱,发出微弱的沙沙声；有个人,不是我,觉知到了灰色石头上的阴影。我开始放下,允许同时有几个体验者,而不是翻转回到普通的视角。

然而,还是有些地方出了问题。我似乎已经用这种想法取代了旧的观点,那就是我正在用某种方式把所有的思绪线拉到一起,并且在一个巨大的正念空间里立刻觉知到它们。我仍然想象了一个做这件事的中心自我。我不知道这样的我是否必要。也许是我创造了她来解释这一切的古怪。也许我没有她也行。但如果是这样,我该从哪里观起？没有她那剩下的是什么？

我试着冷静下来。我注意到我的呼吸暂停了,然后又加快了。在禅修期间,它通常会有规律地降至每分钟三次呼吸,但这里有一些可怕的东西正在发生,我不确定是什么。平静下来,轻轻地呼吸,再看一遍。

似乎需要的是……让每一条思绪线和体验它的人一起升起,然后让它们再次一块消失,而不是把它们集合到一个"真我"中,这个"真我"能意识到或意识不到声音、触觉和视觉。这是一种彻底的放下。

所以——继续——努力吧。

我努力。我尝试。有什么东西阻止我跳进……什么？一个缺口？一个虚空？机会来了又走。我再试一次。

但我知道，任何尝试都无法实现练习的目标。通过如此努力的尝试，我唤起了那个我试图摆脱的自我感。但如果我不尝试，我永远也不会知道。那么该怎么办呢？不做么？

我继续努力。

突然之间，一切都成了可能。也许练习了这么多年的放下对我是有帮助的。那里传来了隆隆的交通噪音。有个人一直在听。随它产生，不管它停留多久，都随它去吧。与此同时，其他一些东西也在产生。鸟儿在唱歌。钻孔声又开始了。有个感觉是，每个东西升起，停留一段时间，然后消失殆尽。它们不是同时系于一个东西，而是并行地进行，没有东西把它们拧在一起。

最后的消失才是棘手的地方。我注意到，当每一种声音或感觉消失或停止发挥作用时，有一部分的我就想要抓住它，他会不停地说："我体验过那些事。我记得它。我存在。"但任务很明确，就是让所有这些思绪线自己来，包括再次消失。所以它们被放下了。毕竟这是可能的。它们看上去再次出现和消失，但不是为了我。

我轻轻地笑了。多年来，我一直以以下方式理解约翰"由它来，随它去"的教诲：我在这里，正念，练习禅修，坐在我的世界的中央，随之而来的是一些念头、观点或知觉。我必须做的是让它在我的意识中出现，让它持续一段时间，然后当它的时间到了，让它再次从我的意识中消失。我已经做了很多年了，而且曾经非常有用。

但现在看来，事情根本不是这样的。不，根本不是。相反，这里有无数的事情产生，停留一段时间，被某人体验到，然后再次消失。约翰的意思就是随它发生。这并不是说它们为我而发生。它们不会为我而来、而在、而消失。不管我喜不喜欢，这一切都这样发生了。我的任务不是去阻止它，不是去干涉它，也不是去设想有一个"我"可以完全干涉它。啊！

交通声重新出现，似乎已经持续了一段时间。鸟声也一样。猫决定起

身走出去。当她经过时,一只手伸出来抚摸她的后背。那块石板还在那儿,像坚硬的石头一样,现在已经干了。

以前为什么这么难？一个答案是,我以前在努力抓住某种连续性。很久以前,当我第一次开始注意的时候,我发现日常生活是多么的不连续。我好像醒来后又迷路了；为我已经走了那么远而感到生气。一切都是断断续续的,我不喜欢这样。我想保持清醒,一直做真正的我。这是学习练习正念的乐趣之一。最后,似乎有可能获得某种连续性。把注意力集中在此时此地、此时此刻,有东西一直在持续。这种东西不多。它来了又去。但这是一种意识的连续性,我很欢迎它。

我现在把这些都抛弃了吗？是的,确实。我在探索一种可能性,那就是实际上我根本不是一个持续有意识的存在。"我"不是那样一种东西。我在探索这样一种观点：能成为我的东西似乎与被体验到的东西一同产生,然后当体验自然结束的时候又会一同消失。这与我所知道的大脑工作方式一致。它没有中央处理器来负责主管,也没有任何指挥总部让我坐在那里向世界发布命令,更不存在任何空间或地方让意识发生。只有多重平行的神经元通路一直在放电。所以,是的,我抛弃了自我连续性的概念。

这不是很可怕吗？是的,这很可怕。一方面,我仍然想要存在并且永远存在下去。我想成为那个已经活了一辈子的内在的我,她将继续活下去,并将看到接下来会发生什么。但另一方面,我又想知道真相,而有意识的自我这个概念,无论是在科学上还是在体验上,似乎都不是真的。现在看来,事实是这些只不过是不相干的来来去去,一种无我的产生、存在与消亡。这样就更容易接受了。

就这样继续下去。事情发生了,而"我"没有挡道,然后最奇怪的事情发生了。

除了连续感之外,还会发生什么呢？这真的很奇怪。在这里坐了几个小时,任由思绪线来来去去。成为这个,成为那个,没有对哪个紧抓不放,同时成为多个,或者一个都不成为,这里有这种连续感。

它是什么?什么在连续?肯定不是"我"。因为每次一些体验出现时,"我"都被允许伴随着体验的结束而离开,仿佛体验和体验者是一起出现然后一起消亡的。没有什么东西是从一个体验固定到下一个体验的。

那它是什么呢?也许连续性只是宇宙继续在做它自己的事情。那么就没有必要害怕,因为总会有东西发生;拥有体验的自我会不断涌现,或者不会。每一个自我都提供了一个抓牢、把它当作一个连续自我的体验的机会,但它们不需要以这种方式被对待。

也许连续性来自永恒的、没有固定位置的空性,或虚空,或无论它是什么,现象从它之中产生。同样的道理也适用在这里。没有必要害怕,因为东西总是会从无中产生或不产生。事实上,也许这两者是一回事。

也许连续感的意义无非是:整个宇宙的连续性。有趣的是,放下连续性会提供关于它的如此丰富的感觉。

这与生、死、重生有什么关系?当我的肉体死了以后,我还能继续下去吗?那种与思绪线有关的琐碎感觉给了我一个线索:这很简单,这里从来没有一个连续的我。这里没有现在,没有刚才,也不会有未来。无论何时何地,只要身体能够感知事物,大脑能够分析事物,体验和体验者就会随之出现,它们会持续一段时间,然后再次消失。它们一会儿在这里,一会儿在那里,来来去去。我似乎现在在这里,但后来又不在了。有些东西存在,而且已经存在一段时间了。

所以拥有觉知就像是不断的出生与死亡一样。这没有什么不寻常。事情就是这样。当这个身体死亡时,这些特定的体验和体验者将不再出现:从这个位置用这双眼睛将看不到黄花;不再有可爱的猫坐在我身边,就在这里,因为"这里"将不再存在;至少,不会像以前多次出现的那样,以同样的方式再出现。这些时刻相似吗?是的。他们是同一个我吗?不。每一条思绪线出现,然后又消亡。"同一个我"从来没有被再造。

当这个肉体死去的时候，可能会有很多痛苦。例如最后一场可怕的疾病，没有对我爱的人说完所有我想说的话的悲伤，未完成的计划，未实现的未来幻想。我会像蜡烛一样被熄灭吗？是的，就像我过去千百万次一样。都一样。生与死就是生命的全部。生和死不是一个问题；循环的错觉被打破；它们就是这样。

第四章　有意识

意识是一种错觉；一种诱人的、令人信服的错觉，诱使我们相信自己是"身心分离"的。这种错觉如此有效，以至于它把意识科学的研究引向了完全错误的方向——引向了执着于"难问题"(hard problem)，而不是追问二元论的错觉是如何产生的。

根据当今大多数科学家和哲学家的观点，意识等同于主观性(subjectivity)；它是"成为我是什么样的感觉"(what it is like to be me)。因此，意识的"难解问题"在于解释每个人私人的主观体验流是如何从大脑的客观结构和过程中创造出来的。这个问题很难——有些人会说无法解决——因为它暗示物理大脑创造出了非物理的体验，而我们知道，这种二元论无法奏效。那么我们应该怎么做呢？

有很多科学家怀疑我们是否足够了解大脑，也有很多科学家寄希望于，一旦我们了解了大脑，问题就会得到解决。很少有人会把怀疑延伸到试图解释清楚"成为我是什么样的感觉"。这就是我自己的疑问所在。所以我非常努力地去研究了成为我是什么样的感觉，但没有找到答案。意识科学试图解释的那个东西，却在仔细观察后被瓦解了。

当我凝视升起的体验时，我发现，"存在一个我""成为我现在是什么感觉"、"我拥有一个体验流"，这些想法都被瓦解了。

它会瓦解，首先是因为无从谈起有一个持存的我去发问。每当我想找一个我时,似乎就会有一个我,但这些自我都是短暂和暂时的。它们伴随着似乎是它们所拥有的感觉、知觉和念头一起出现,并随着它们一起消失。在任何自我反思的时刻,我都可以说我正在体验着这些,但每出现一个新的体验,就有一个新的"我"在看着它。过了一会儿后,它就消失了,另一个不同的自我带着不同的视角又出现了。但当不反思自我的时候,又很难说是否有人正在体验着什么。

它会瓦解,第二是因为当我们仔细审视时,会发现这里并不存在发生意识体验的心灵中的剧场,也不存在个人舞台上的表演秀,这些都是我们常规想象的错觉。感觉、知觉和念头来来去去,有时是按顺序的,但常常又是并行的。它们都是短暂的碎片,只有发挥作用的时候才会持续存在,它们不是统一、有组织的,没有确切的发生时间和发生地点,不会因为一个持续的观察者而有序发生。很难说哪些是或曾经是"在意识中",哪些不是。

如果是这样的话,那么意识研究领域所依赖的许多传统主张都是错误的,相应地,依赖于这些主张的理论和实验范式也被误导了。之所以会出现这种情况,是因为我们太容易依赖错觉了,也因为把我们自己的心智看得太简单了,并假定了我们知道它们是什么样子,还因为内省是非常困难的。但是,如果我们最终忽视了探索意识的艺术、放弃了尝试解释错误的事,那么我们将永远不会在意识科学方面取得进展。

所以我拒绝很多常见的假设,取而代之会这么说:

没有东西能和成为我的感觉一样。

我不是一个持存的意识实体。

我并没有有意识地引起我的身体动作。

意识不是一条体验流。

看见(Seeing)不包含鲜活的心理图像或脑中电影。

无论在某一特定时刻,还是在某段时间中,都没有意识的统一。

脑活动不是有意识的,也不是无意识的。

第四章 有意识

意识没有内容。

没有现在。

我并不是说要提供一个连贯的替代理论,更不是一个关于意识的新理论,但这里是我尽最大努力来描述我认为我应该尝试去解释的东西。

人脑在任何时候都有多重平行过程在进行,召唤出知觉、念头、观点、感觉和意志。这些都不在意识内,也不在意识外,因为意识根本没有地方所在。大多数时候是没有观察者的;如果意识参与其中,那也是后来根据记忆事件和假设某人过去一定体验过的基础上作出的事后归因,但实际上是没有的。

有时,某些流程非常复杂,足以支持产生一个明显的观察者。这些观察者带着似乎是他们所拥有的念头和知觉而出现,但当这些念头和知觉消散时又会再次消失。因此,没有一个持久稳固的自我或视角可以用来观察事件。诚然,每一个念头或知觉都是从不同的视角中被看到的,但我们错误地认为这些视角总是同一个。

如果我们开始对自己的心灵感到惊奇,或者问"现在我的意识里有什么?"或"我是谁?"这样的问题,我们会构建一个观察着的自我并给出答案,但在我们生活中的大多数时候,我们不会到处问这样的问题,或这样思考自我。错误在于,想象我们在这些特殊时刻得到的答案能适用于我们其余的体验。但在其余时间里其实是没有答案的。

这意味着我们不应该去寻找意识的神经相关物、意识的内容、全局工作空间,或者克里克的"意识神经元",我们应该试着去理解大脑是如何以及为什么要玩这些把戏并创造出错觉。对于颜色、形状和客体是如何被构建的,以及行为是如何被发起和组织的,我们已经知道了很多,而且毫无疑问,我们还会学到更多。我们也不需要问"它们是如何变得有意识的?"。因为它们并没有。

相反,我们需要研究那些临时观察者被建立起来的时刻,并试图理解相对的在大脑中发生了什么。我怀疑所涉及的过程包含了一种感觉或运动过程与建构自我的语言过程之间的连接。这意味着它们不会发生在没有自我感(sense of self)的动物身上,也不会发生在不能使用自然语言的机器身上。

115

这么做我们也可以发现如何构建一个明显的观察者同时也就包含了如何建构一个视角,通过这个视角事件被观察到并在时间中被排序。不同的事件会同时或以这种那种的顺序发生,这取决于大脑中发生的位置。这可以帮助我们理解为什么"我"(me)和"现在"是同时涌现的。

当人们问"我现在有意识吗?"或者"我是谁?"的时候,更有趣的是去理解这些特殊时刻的基础。我怀疑这需要一个大规模整合——整合整个大脑过程和相应更丰富的觉知感。这些情况可能很少发生在大多数人身上,但却很大地影响了我们对"成为我是什么样的感觉"的想法。对于那些练习正念的人来说,这种丰富的自我-觉知可能更频繁也更持续地发生。那它会在那些超越它的人身上完全消失吗?

在写这一切的时候,我注意到我有时似乎在完全理解一些想法之前就已经清晰地把它们表达出来了。也许这就是为什么《蒂潘的笔记》中提到在体验观之前先识别它,虽然这样就意味着我们可以区分观和幻想。我想起很久以前,曾得出的一个结论是:"你必须学会把最上面一层剥掉。"我不知道它是什么意思,但我记下了,不断练习,并把它写在了我的笔记本上。不会错的,我相信这种直觉。几十年后,我认为这个表层就是所有临时的观察者、关于世界的理论,以及大脑很容易建构出来的关于连续性和能动者的错觉。当这些东西被剥掉的时候,或者大脑不再构建它们的时候,世界就会像泡沫一样浮现了。

在这种状态下,体验似乎更接近我们所知道的大脑内部发生的事情:没有一个持续的自我,没有一个心灵剧场秀,没有意识的力量,没有自由意志,没有自我和他者的二元——只有身体和体外世界间的复杂交互作用,不为特定的人而产生与消失。

第五章　禅师的回信

写完这本书后,我把草稿发给了几个朋友,请他们点评或批评。其中包括约翰·克鲁克,我希望他作为我的禅学老师能给我一些建议。

他回了下面这封信,并留言说如果我愿意的话,请我把它放进书中。第一部分的两段是关于出版商、截止日期和背书的,我已经删除了。其余都一字不落地放在下面。

2007年7月5日,星期四

亲爱的苏珊:

禅之十问

昨天晚上我再次通读全文,差不多得出了与你同样的结论,所以我现在准备写信给你。我不得不缩减我的回答,因为要说的实在太多了。下面是一些主要的评论,以后我们找时间聊聊这些一定很有趣。

我的回答有两种方式——首先是就书稿本身的回应,其次是从我禅师角度的回应——如同你要求的那样。

1. 书稿

书稿写得非常好,清晰而又具有启发性,也具备了在你所有研究项目里都可见的精力充沛和聪明伶俐的特点。当然,对我来说,它读起来就像一份加长的闭关报告,因为它的大部分内容都来自于你随我当禅"学徒"的经历。

我发现你对我们闭关活动的描述很温暖人心、准确而又真实。你对这些问题的"盘问"是从禅的角度孜孜不倦地进行的,你自己已经有了很多有趣的发现。能产生这样的结果是因为参究的强度和方法的运用,然而,正如我们下面将要看到的,从禅的角度看,这项工作还不完美,当然从来没有什么事物能称得上完美。

我不会过多评论你对"意识研究"的贡献,虽然我完全同意在对心灵意识体验的研究中,"主观经验主义"(subjective empiricism)与"客观经验主义"是完全相关的(正如我 1980 年所说的)[1]。事实上,你延续了西方现象学研究的传统,但使用了一种禅的方法论,据我所知,还没有西方心理学家将这种方法论应用到这个问题上。

在我的这一部分回应中,我是从一个西方心理学家的角度来写的。我相信很多同事不会理解你,因为他们不了解佛教的经验主义……

2. 禅的角度

以下是对你说你将继续禅修以及追问的回应。有许多话要说,但我必须把它限制在要点上。我已经换上了我禅宗信徒的角色。

(1)由于你把焦点界定为意识研究相关问题的研究者,所以你把自己的视野局限在智力探索上,但它很多都是基于一种来自实践方法的体验之上的。你说你自己不是一个佛教徒(第 2 页),因此你没碰到过经验丰富的佛教徒应该知道的那个悖论,即他们不是佛"教徒"。"佛教"只是指一种实践,而不是身份的定义。一个人能在不被称为禅宗佛教徒的情况下练习禅吗?通过采用这种自我定义,你创造了一个你自己都没有意识到的二元论。正如哲学家德里达所指出的,如果你选择一个定义,那么所有相关的定义都将隐含地发挥作用。这种隐藏在自我身份中的对立,继续以一种隐秘的方式在你的文本中贯穿,并最终导致你触礁。

(2)一直到第 70 页,你是如此专注于智力问题,即使方法是根据体验来

---

[1] J. H. Crook, *The Evolution of Human Consciousness* (Oxford University Press: Oxford, 1980).

的,也无有补益。你对正念的研究和开场白问题是典型的。这里真的非常有贡献,通过这种调查方法,你发现了很多确实需要被发现的东西。我发现自己几乎和你所有发现都契合,尽管我遵循的方向不同。我被你运用闭关体验来推动研究前进的方式所打动。读到关于曼威德如此详尽的叙述,它的闭关氛围和你个人的难关,真让人心暖(我相信读者也会被感动)。你是如此地接近研究,我提到的隐秘的二元论也不重要了。

(3)第70页问题开始出现:你开始"挑拣和选择",忘记了《信心铭》中古老的警告:"至道无难,唯嫌拣择!"[①]很不幸,除了用于闭关的简短摘录之外,你似乎没有读过《蒂潘的笔记》[②]其他部分,当然这是一个介绍性的选择。笔记中提供了大量的指导。你没有通过加深对文章的理解来开阔自己的视野,而是选择了紧紧抓住你的问题不放。为什么呢?大概是因为你的初衷并不是要从广义上理解禅,而是通过回答这些问题来为意识研究做出贡献:考虑到你的出发点,这是一个合适的选择,但它限制了你可能期望找到的东西。

然后再一次,我们发现你拒绝了许多密宗方法所提供的"支持",即使在试验之后你发现它们是有效的。换句话说,你最初的焦点(无意识地)塑造了你的反应,所以你不能打通闭关。相反,你开始测试"假设"。换句话说,这些选择或偏见是你作为一个科学知识分子的自我身份认同的反映,自我关注和轻微的个人傲慢使你难以用一个更宽广的开放性来处理问题。你还"讨厌当厨房助理",这是哪个苏珊·布莱克摩尔?

(4)这点让任务变得更加复杂,但这里确实也有难题。这种探索是令人钦佩的,但也出现了一个隐藏的问题。你以几种方式发现了"无"(nothing),而"无"正控制着你;也就是说,你正执着于"无"的几种表现形式。更糟的是,它正以一种片面的方式塑造你的答案。蒂潘说:"把一切现象都看作像天空,就会采取一种无限的态度,误入歧途,去做一种像天空一样无限的禅

[①] Master Sheng-yen, *The Poetry of Enlightenment* (Dharma Drum Publications: New York, 1987), p.23.

[②] J. H. Crook and J. Low, *The Yogins of Ladakh* (Motilal Banarsidass: Delhi, 1987), Chapter 17.

修。认为所有现象都是绝对不存在,通过禅修人就会偏离到不存在。认为意识是无限的人,就会偏离无限的意识"(第374页脚注3)。这里我们已经"偏离"了,蒂潘指出了前进道路上的错误。你却没有注意到它们。

(5)你的智力见解现在开始塑造你对问题和闭关的回应,并开始逐渐阻止进一步的体验发现。它们在多大程度上也塑造了一个持续觉知的质量呢?你并没有以简单直接的方式使用线和珠子的比喻(第87页),而是用一种过于复杂的论证来批评它,而这种论证仅仅借鉴了西方"意识研究"中一位哲学家的观点。你开始偏袒某一方,而不是让这个问题敞开。你正在强化自己最初的定位,失去了禅"放下它,随宇宙去做"方法的简单性。你对思绪线的观察在逻辑上当然是正确的,但在比喻中,这些只是正在进行的体验元素。"不管它是什么"("未生之前""本来面目")——从中产生体验的多重思绪线(串珠?)——那是单一的还是多重的?谁能看出来?这有关系吗?这个比喻是为了"用",而不是为了争论或执着于某个立场。

还有在第92页,你让自己陷入了判别论证(discriminatory argument),而不是欣赏另一个隐喻的"用"。① 你给出了"当下""在场"和"觉知的觉知"这几个词的确切含义的详细描述。你的结论是,这种观点包含了一个麻烦的想法,即有一个意识的自我以及事物在世界里面或外面,这个想法不太可能适用于这个受过非二元论大乘佛学高度训练的僧人。再次——到底是我们的观念塑造了体验还是体验塑造了观念?觉知到觉知仅仅意味着——觉知到转瞬即逝的瞬间(即"现在"的反身条件)——它不包含任何更高级,除非人们希望它这么做。

(6)第93页的面谈,对我们俩来说都是场灾难。我没能给你展示出超越你思维定势的方法,而你坚持了一个在智力上让你信服的片面观点。我看到的是这样:你非常激动——"气"太盛了——坚持要一个确定的解释。这根植于对"无"的信念以及执着于它的一些形式。实际上,你理解了"色即是空,空即是色",却被困在等式的左边而没有意识到"空即是色"。

禅师宏智正觉(1091—1157)将其诗意地描述为:"放旷还来荆棘林,倒

---

① 注意维特根斯坦(Wittgenstein):"发问不是为意义,而是为了用。"

第五章 禅师的回信

骑牛自醉吟吟。谁嫌烟雨闹蓑笠,只个虚空不挂针。"[1]

这就像游戏中使用了两种语言(正如维特根斯坦所说)。一种语言通过物化体验来识别自我,用暗指事物的词语说话。另一种语言理解语言的虚拟性和贫乏性,并用自相矛盾的词语来表达这种困惑。两种"语言"都以心智对感官体验的反应方式[对感觉、知觉、认知、条件叙事等的蕴取(skandhas)]来表达。你在此已经沉迷于第二种语言了,它塑造了你的体验和你对闭关的反应。我试图通过让你回到自我认同的常识性语言中(例如,苏是一个快乐的泥塘清洁工)来努力纠正这种片面性。既然两种语言都符合思维的运作方式,我们就寻找"第三种"方式来摆脱这一悖论。但我们失败了,你陷入了激烈的争论之中(不然的话就是排斥的情绪)。对不起。当我说技术上是正确的时候,我的意思是你说的东西智力上简单易懂、很有洞察力,但还远远不是"超越现实"。[2]

换句话说,问题"你此刻在车辆里吗?"的答案你可以正确地回答"在"或"不在"——从不同的角度来看,两者都是对的。我们的心灵是高度带有视角的。不要卡在这边或另一边。第三边是什么?

(7)我的意见总结如下:我不会讨论你关于自由意志和生存的部分。我觉得这部分相当乏味。这本书的核心内容在这部分之前,不幸的是,我怀疑读者会锁定后面这些部分,而忽略了前面更重要的论述。

最后你揭穿了意识研究中的几乎所有重要观点,我很欣赏,也很赞同。请注意,不是说我不同意你的大部分观点,而是说,从禅的观点来看,所有这些智力活动都无效。但这很有趣,我很高兴看到意识研究一直被贬得一文

---

[1] D. T. Leighton with Yi Wu, *Cultivating the Empty Field* (North Point: San Francisco,1991), p. 46. 译者注:引文原文为:"Let go of emptiness and come back to the brambly forest. Riding backwards on the ox, drunken and singing, who could dislike the misty rain pattering on your bamboo raincoat and hat?"本书中引文页码有误,并只引用了原诗前三句。至于引文是否恰当表达了写信者的意思,暂不讨论。

[2] 这个问题在《楞伽经》中有很好的探索,是禅心理学中最主要的心智模式之一(详见 *The Evolution of Human Consciousness*, p. 372)。

不值。在我即将出版的书中,我也做了类似的事情。①

最后,讲一点演化心理学。为什么人类会有这样的心智？我认为,"自我"的人格化和物化很可能是由于某些模块(可能是任何功能过程)的运作造成的,这些模块创造了基本的解读,而这些解读就是塑造日常体验的日常语言的基础。把自我识别为一个客体有助于社会互动,也有助于那些有很多事情的人。它也是依靠具象化记忆的个人历史叙事基础——以及随之而来的所有痛苦(从而有了佛陀的研究)的基础。然而,所有这一切都忽略了隐藏在这些具象表现(心理、化学、物理、量子)之下的实际过程。这些在一定程度上可以通过我们在此讨论的客观经验主义和主观经验主义之间的关系揭露出来。为什么要意识？啊哈——确实是个问题。我怀疑这个词需要从哲学上解构,但这仍然没有给出答案。撇开思考不谈,我们需要回归生活。禅是什么？

开悟呢？继续努力！

穿针眼很容易,不向偶像屈膝却很难。

我希望我已经把自己的意思表达清楚了。适当的时候谈谈会好些。

再会。

约翰

---

① J. H. Crook, *World Crisis and Buddhist Humanism* (New Age Books: Delhi, forthcoming).

延伸阅读

Austin, J. H. (1998) *Zen and the Brain*. Cambridge, Mass., MIT Press.

Baars, B. J. (1997) *In the Theatre of Consciousness: The Workspace of the Mind*. New York, Oxford University Press.

Batchelor, S. (1998) *Buddhism without Beliefs: A Contemporary Guide to Awakening*. London, Bloomsbury.

Blackmore, S. (2003) *Consciousness: An Introduction*. London, Hodder & Stoughton.

Blackmore, S. J., Brelstaff, G., Nelson, K. and Troscianko, T. (1995) "Is the Richness of Our Visual World an Illusion? Transsaccadic Memory for Complex Scenes". *Perception*, 24, 1075-81.

Chalmers, D. J. (1995) "Facing Up to the Problem of Consciousness". *Journal of Consciousness Studies*, 2, 200-19.

Churchland, P. (2007) *Neurophilosophy at Work*. Cambridge, Cambridge University Press.

Crick, F. (1994) *The Astonishing Hypothesis*. New York, Scribner's.

Crook, J. H. (1980) *The Evolution of Human Consciousness*. Oxford, Oxford University Press.

Crook, J. H. (1991) *Catching a Feather on a Fan: Zen Retreat with Master Sheng Yen*. Shaftesbury, Dorset, Element Books.

Crook, J. H. and Low, J. (1987) *The Yogins of Ladakh: A Pilgrimage among the Hermits of the Buddhist Himalayas*. Delhi, Motilal Banarsidass.

Damasio, A. (1999) *The Feeling of What Happens: Body, Emotion and the Making of Consciousness*. London, Heinemann.

Dennett, D. C. (1985) *Elbow Room: The Varieties of Free Will Worth Wanting*. Oxford, Oxford University Press.

Dennett, D. C. (1991) *Consciousness Explained*. London, Little Brown & Co.

James, W. (1890) *The Principles of Psychology*, London, Macmillan.

Libet, B. (1985) "Unconscious Cerebral Initiative and the Role of Conscious Will in Voluntary Action". *Behavioral and Brain Sciences*, 8, 529-39. See also the many commentaries in the same issue, 539 − 66, and *BBS*, 10, 318-21.

Metzinger, T. (ed.) (2000) *Neural Correlates of Consciousness*, Cambridge, Mass., MIT Press.

Milner, A. D. and Goodale, M. A. (1995) *The Visual Brain in Action*. Oxford, Oxford University Press.

Nagel, T. (1974) "What Is It Like to Be a Bat?". *Philosophical Review*, 83, 435-50.

Noë, A. (2002) Is *the Visual World a Grand Illusion?* Thorverton, UK, Imprint Academic.

O'Regan, J. K. and Noë, A. (2001) "A Sensorimotor Account of Vision and Visual Consciousness". *Behavioral and Brain Sciences*, 24(5), 939-1011.

Parfit, D. (1984) *Reasons and Persons*. Oxford, Clarendon Press.

Rahula, W. (1974) *What the Buddha Taught* (revised edition). New York, Grove Press/Atlantic Books.

Varela, F. J. and Shear, J. (1999) *The View from Within: First Person Approaches to the Study of Consciousness*. Thorverton, Devon, Imprint Academic.

Velmans, M. (2000) *Understanding Consciousness*. London, Routledge.

Wegner, D. (2002) *The Illusion of Conscious Will*. Cambridge, Mass., MIT Press.

后　记

可以预见,人类社会的全球化和深度技术化——这尤其表现为信息、数字、虚拟和智能——的加速演进,终将"合成"一个新的全球文明,它的"气质"必然是广义的东西方文明和文化在历史大流的"研磨"中的全面"化合"。当我们将两者的"研磨"和"化合"聚焦在"心"(mind)的研究上,我们就会发现并且深切地感受到,当代认知科学——更准确地说是"心智科学"(science of mind)——已经处在与东方心学(mind studies)互动、对话、融通乃至融合的态势和状态之中。《禅与意识的艺术》记述和反映的正是认知科学与东方心学在当代"研磨"和"化合"的真实状况。

本书作者苏珊·布莱克摩尔,是意识研究领域中的知名学者,国内已出版其多部关于意识研究的中文译著,包括《意识导论(第三版)》(*Consciousness: an Introduction*, the third edition)。这本著作从哲学、心理学、神经科学、人工智能、演化论等多个视角,对意识这一"科学的最后前沿"进行了全面而系统的探寻,是全面了解当代意识研究的优秀教材。作为《自私基因》(*The Selfish Gene*)作者理查·道金斯(Richard Dawkins)的高足,苏珊·布莱克摩尔进一步发展了"模因理论"(meme theory),通过提出模仿的社会学习机制,模因成为了演化的另一重要原则;另一方面,苏珊·布莱克摩尔还是一位非常有个性的女性学者,由于研究兴趣以及对自身苦痛的敏感,苏珊·布莱克摩尔关注、接触、研究了超个人心理学以及冥想(禅修)、濒死、离体、致幻等特殊意识体验。对这些特殊体验,她既保持开放包容的态度,又坚持了怀疑论的立场。这本小书就是苏珊·布莱克摩尔早年摸索实践禅修训练的第一人称自传式记述。

苏珊·布莱克摩尔让自己的意识研究深度渗入自己的生命体验中。因此,这本著作的意义不在于她能否根据自身体验与反思提出一套探索和研究意识的清晰、程序化的第一人称方法,事实上她这方面的工作是不成功的,我们在阅读中可以明显看到苏珊·布莱克摩尔的第一人称记述充满了第一人称数据为人诟病的"主观性",而在于它是一份特殊的样本——作为一位活跃于英语言学术界的意识研究者,苏珊·布莱克摩尔个人的禅修经历,一方面反映了个体在那个垮掉年代里向内追求灵性生命的社会需求和时代风潮,另一方面这本著作也可以看作是一位科学的意识研究者实践禅修这一第一人称方法的详尽第一人称口头报告,是一份具有典型性的、良好的第一人称数据和个案。意识研究的学者很少有像苏珊·布莱克摩尔这样长期训练自己的,无论她的方法是否能被佛教传统认可为真正的"禅修",但她对待各种意识研究第一人称方法的认真严肃态度是值得肯定和借鉴的。意识研究应该秉持一个对人类心智现象广泛谱系的开放态度,正如其所言,"在我们寻求解决'心脑统一'这个大谜团时,应该严肃对待这些意识的艺术、技能、手法,以及意识实践"。

苏珊·布莱克摩尔将禅修训练看作是一种实践非常态意识体验的艺术,同时为了向《禅与摩托车维修艺术》致敬,她将书名取为《禅与意识的艺术》。早在20世纪70年代,苏珊·布莱克摩尔就开始关注和摸索观察意识体验的方法。80年代她结识了当地颇有名气的约翰·克鲁克(John Crook, 1930—2011),向他学习禅修,并多次在克鲁克的禅修基地闭关修习。约翰·克鲁克个人则比苏珊·布莱克摩尔有更浓的宗教情怀,早年他游学东亚国家,找寻精神出路,1986年在纽约逢遇圣严法师,成为其早期的西方弟子,是后来圣严西方弘法的鼎力支持者,并在1997年由圣严授临济法衣。虽然与约翰·克鲁克有过交往,但苏珊·布莱克摩尔的行为与经历是典型个人化与去宗教化的,这也代表了西方知识分子的理性特征,因此她的禅修实践方法也并未过多地受到佛教影响,反而更多的是她自己的创造发挥,而非来自传统规训。

苏珊·布莱克摩尔对禅的理解是许多西方知识分子对禅的普遍印象:禅是一种来自中国、日本等佛教传统的心灵训练实践,不注重文本和理论,而注重实践和对自己本性的直接体验和直觉,充满奇怪的悖论语录,可以不涉及宗教活动或教条信仰。她借用一些她从禅修中学习到的技巧,创造了一套自己的"用意识观察意识"的方法:首先是静心,让心平静下来,让念头慢下来;接着是努力达到一种类似于"观"的状态:同时保持注意力的放松开放和警觉,与内心的对话、情绪序列保持距离;维持一段时间之后,在这种开放、平静、专注、稳定的心智状态下开始提问,并集中注意力"观察"对问题的回答这些念头本身。在本书中她准备了十个与意识本质相关的重要问题来训练自己:我现在有意识吗?刚才我意识到了什么?(如果刚才是非正念状态的话我又如何能回忆,回忆如何为真?)提问的人是谁?它(体验)在何处?念头是如何产生的,在宁静中安住的心和在念头中流转的心有什么区别?没有时间,记忆是什么?何时你在(当下)?此刻你在这里吗?我正在做什么?(观察)接下来(意识流中)会发生什么?苏珊·布莱克摩尔像科学家细致观察研究对象一样,也像艺术家专注打磨作品一样,一遍遍倾心于锤炼她洞悉意识的技艺。这些问题并没有明确的答案,寻找答案也并不是目的,提问是一个转换意识状态的"开关",当开关打开时,实践者需要从非正念的状态转向对内的正念观察。

但这一方法"收获"了来自她的禅修老师克鲁克的批评:"你是如此专注于智力问题,即使方法是根据体验来的,也无有补益。……大概是因为你的初衷并不是要从广义上理解禅,而是通过回答这些问题来为意识研究做出贡献:考虑到你的出发点,这是一个合适的选择,但它限制了你可能期望找到的东西。……你说的东西智力上简单易懂、很有洞察力,但还远非'超越现实'。"克鲁克批评苏珊·布莱克摩尔过多纠缠于对问题的智力思考。确实如此,从苏珊·布莱克摩尔记述的意识流旁白中我们也能清晰地看到,提问之后苏珊·布莱克摩尔很容易陷入对问题的长串思考和回忆,并不能实现保持同时像观一样用"意识观察意识"的目标。苏珊·布莱克摩尔的错误在于将禅宗"入疑"和"参话头"的提问方法误解为一种在开放又集中的注意力基础上的"追问"与"思考"。禅修系统丰富多样的技能背后,训练旨趣目标应该是统一的:即(1)首先停止(前六识的)意识思维;(2)消融能所二分的心识结构;(3)在前两者的基础上让更深层的心智活动和智慧能够得以有机会浮出水面,并进一步修行。"参话头"和"大疑"的重点并不在于追问,而在于借用提问引发的"疑情"截断意识之流。令西方学者喜好的悖论语录目标并不在于要给反逻辑的对话内容一个解释和理解,而在于实现终止思考。

从这意义上来说,苏珊·布莱克摩尔借用禅修技术创造性发明的提问式意识研究第一人称方法探索是失败的,并且除了第一人称数据的记录描述,作为理论研究者,苏珊·布莱克摩尔也没有探讨基于此方法的心智结构与方法机制。但本书仍然可以看作是一份典型与良好的第一人称与第二人称方法研究样本。

近三四十年来,随着当代意识科学进步发展所形成的共识是,对意识体验的主体的第一人称视角的研究不仅在当代自然科学中具有合法性地位,更是建构一个全面的意识科学必不可少的一部分。瓦雷拉(Francisco J. Varela)和希尔(Jonathan Shear)在1999年首次出版了主题为"意识研究第一人称方法论"的标志性文集,并在文集的序言文章《第一人称方法论:是什么?为什么?怎么做?》中阐明了第一人称进路的重要性及其对未来的展望:"要把体验看作是一个可以探索的领域,就要承认生命和心智所包含的第一人称维度是我们持续存在的一个特征。剥夺对这种现象领域的科学审查就意味着去掉了人类生活最亲密的领域,或者否定了可以通达它的科学解释权。这两种情况都无法令人满意。"意识体验的不可还原性与主体性的认知首要性,奠定了研究意识的第一人称进路是理解意识的现象结构与本性不可或缺的、必须的和首要的。在此基础上,瓦雷拉等人认为,为应对意识"难问题"(hard problem),首要紧迫的问题不是立即给出形而上学回应,而是给出训练有素的第一人称方法,借此第一人称方法能够使被试拥有稳定、清晰、可控制、可重复的第一人称体验和相应的报告,从而获得对相应的第三人称数据的理解和解释,在此基础上推动意识研究发展,终有一日回应意识"难问题"。瓦雷拉认为现象学还原不是充分的第一人称方法,他希望寻找的是训练还原和悬搁能力的元方法,而来自佛教传统的禅修系统以提高注意力与觉知能力为基础发展出一系列实践意识的技艺方法,由此受到了瓦雷拉的青睐,从而引发意识科学第一人称方法研究对禅修的长期关注,以及后来在心理学领域衍生出来的正念疗法。

在瓦雷拉的意识研究第一人称方法论框架中,还包含了对"第二人称"方法的关注。术语"第二人称"包含多重含义。首先,在生成主义(enactivism)存在论意义上,个体首先是嵌入环境中的双向度个体,第二人称立场打破主客二分的二元论立场。其次,在对观察结果的公共验证方面,需要拥有打破私人与公共、主观与客观界线的第二人称立场和视角,究其原因是作为意识研究者需要真正理解所获得的第三人称数据所指称的第一人称体验内容究竟是什么:"在第二人称立场下,人们明确地放弃了他/她的超然状态,变得认同了某种对资料的理解和资料中的内在连贯性。事实上,他就是这么看待自己的角色的:一个移情的(empathic)共鸣体——熟悉体验、能在自身中找到共鸣。……在调查中,如果没有这种浸润在体验领域中的中介者,那么这类'交心'是不可能的,就像没有东西可以替代一手知识一样。因此,这是一种完全不同的验证类型,不同于目前为止我们所讨论过的其他类型。"简言之,这要求研究者既是体验的观察者,又是体验的体验者和理解者。最后,是在瓦雷拉之后发展出来的一系列训练(助产)人变得更觉知的第二人称方法,即研究者作为中介介入实验中,供给被试一些辅助训练的心理学方法。

本书无疑是一份第一人称方法的良好口头报告案例,更重要的是,它也是一份意识研究者深度拥有第二人称立场的良好范本,对禅修这一类特殊意识体验的研究来说,苏珊·布莱克摩尔既是体验的观察者,又是体验的拥有者和理解者。由于意识体验的主体性特征,第二人称立场确保了体验的主体间可验证性和公共语言表达的可能性。唐代温州龙兴寺永嘉禅师天资聪颖,精勤修行,竟然在没有宗师指导的情况下自悟道体,深证实相。天台宗第八祖左溪玄朗与六祖门下东阳玄策禅师路过温州时,见永嘉禅师悟证甚深,却没有大德印证,认为不可,鼓动他与玄策同去曹溪,面见传承禅宗正脉的六祖惠能大师。在曹溪道场,永嘉开门见山地直陈所悟境界,惠能几番追问之后,当众首肯永嘉禅师证悟水平。这一则公案佳话表明在禅宗系统中是有主体间公共验证的要求与可能的,并且可以用公共语言陈述与交流,也证明了按照禅修系统的公共方法和操作程序,禅修境界的体验类是可重复的。对主观意识体验的研究,特别是特殊意识体验的研究,需要研究者拥有第二人称的视角,这保障了研究者对第一人称数据的理解,以及体验的公共验证。

然而,苏珊·布莱克摩尔的书中确实存在部分难以理解的主观体验描述,事实上这并非完全由体验的主观性造成,而是第一人称方法的非程序化与非公共化造成的——苏珊·布莱克摩尔的意识技艺很多是她个人的创造发明。所以,除了第二人称立场保证验证的公共性,若要将禅修视为一种良好的第一人称方法,另一个当务之急需要做的工作就是明晰实践方法的操作程序。当然,这在佛教文本中蕴含丰富的理论资源。但更困难的是,一方面开展这一整理研究活动的工作者同样需要第二人称视角;另一方面,正如修自行车、制作皮鞋、创作艺术作品这样一些技艺,对清晰的操作程序的知识性学习并非必然带来娴熟的技艺。禅修也是这样一种技艺,除了对实践的程序性操作手册的学习,它还需要个体的躬行、毅力、愿力、天赋等等,这些个体变量并不能被程序化。换言之,并不能像科学的实验观察活动一样,方法论上操作程序的明晰化就可以保证体验类的公共可重复性。这也是主观差异性很难克服的一大原因。

此书第一次出版是 2009 年,距今已过去 15 年。此后苏珊·布莱克摩尔仍然持续实践和探索她的意识艺术,根据禅修练习探讨了自我与意识的关系,通过对正念认知疗法(MBCT)对抑郁和焦虑的影响阐发禅修在促进心理健康方面的潜力,也关注和探索这些实践及其效果背后的科学基础和神经机制。西方社会对禅修的自然科学和哲学的研究已经发展了相当长的时间,汉语言佛学界也可以借由自身丰富历史资源作出相应的回应,为禅修传统与意识科学的对话与跨学科研究提供合适的被试、合适的研究者,为禅修实践的方法论提供系统性、程序性、现代性的描述。就此而言,本书确实是一份意识研究与禅修艺术的现代性碰撞的典型和良好的样本,希望这本著作的中译能给对这一领域感兴趣的读者和研究者带去一些有益的帮助。

本书的翻译获得教育部哲学社会科学研究青年基金项目"当代意识科学中的佛教心学研究"(19YJC730009)、国家社科基金一般项目"心智的生命观研究"(20BZX045)、科技部科技创新 2030"脑科学与类脑研究"重大项目(2021ZD0200409)的支持,对此我们表示感谢。

李恒威　徐　怡
2024 年 1 月 22 日